U0346720

# 消防灭火救援研究

王启金　耿向曾　刘万金　主编

哈尔滨出版社
HARBIN PUBLISHING HOUSE

**图书在版编目（CIP）数据**

消防灭火救援研究 / 王启金，耿向曾，刘万金主编
. — 哈尔滨 : 哈尔滨出版社，2023.1
ISBN 978-7-5484-6874-5

Ⅰ．①消… Ⅱ．①王… ②耿… ③刘… Ⅲ．①灭火—救援—研究 Ⅳ．① X928.7

中国版本图书馆 CIP 数据核字（2022）第 211987 号

书　　名：**消防灭火救援研究**
XIAOFANG MIEHUO JIUYUAN YANJIU

作　　者：王启金　耿向曾　刘万金　主编
**责任编辑：**张艳鑫
**封面设计：**张　华

**出版发行：**哈尔滨出版社（Harbin Publishing House）
**社　　址：**哈尔滨市香坊区泰山路 82-9 号　**邮编：**150090
**经　　销：**全国新华书店
**印　　刷：**河北创联印刷有限公司
**网　　址：**www.hrbcbs.com
**E - mail：**hrbcbs@yeah.net
**编辑版权热线：**（0451）87900271　87900272
**开　　本：**787mm×1092mm　1/16　**印张：**11　**字数：**210 千字
**版　　次：**2023 年 1 月第 1 版
**印　　次：**2023 年 1 月第 1 次印刷
**书　　号：**ISBN 978-7-5484-6874-5
**定　　价：**68.00 元

凡购本社图书发现印装错误，请与本社印制部联系调换。

**服务热线：**（0451）87900279

# 编委会

主　编
王启金　北京市平谷区消防救援支队
耿向曾　北京市平谷区消防救援支队
刘万金　北京市东城区消防救援支队

副主编
丁立辉　北京市平谷区消防救援支队
李　超　北京市怀柔区消防救援支队
刘根科　北京市海淀区消防救援支队
王　浩　北京市延庆区消防救援支队
王玉坤　北京市东城区消防救援支队
杨　林　北京市海淀区消防救援支队
赵　龙　北京市怀柔区消防救援支队
邹继伟　北京市通州区消防救援支队
张旺青　北京市平谷区消防救援支队

# 前　言

　　保障消防救援队伍在救援过程中的安全是当前消防部门的重要工作任务，也直接关系到消防部门的正常运转与管理。新时代下，我国市场经济总体增收势头稳中向好、健康发展，带动我国各地城市建设综合水平持续提高。但这一良好社会现象同样在各地区加剧突发频率，为消防系统直接带来灭火救援工作时效性的严峻考验。

　　在灾害事故越来越频发的同时，消防救援人员所面临的危险也越来越多，消防灭火救援的安全现状不容乐观。因此消防救援部门必须要建立健全安全管理规章制度，严格遵守灭火救援安全行动要则，减少消防救援人员伤亡事故的发生，保证救援工作顺利实施。

　　新时代下社会大众日常生活核心形式的变更、建筑工程的大规模兴建等社会元素使然，导致火灾事故突发概率对比以往显著提升，也在无形中为消防人员埋下了大量灭火救援作业实行中的人身安全侵犯隐患。对此，为保障消防人员作战基础性生命安全，维护地区社会运转秩序有序性。消防系统应立足总结、归纳时下消防人员执行灭火救援工作的多样安全现况，针对其中不良问题科学、合理设计、制定现实性应对措施，全方位保证消防人员在实地火场实施救援作业的根本安全，增强其火情现场机动性。为大众提供更为优质的救助服务，创建大众配合消防人员逃生、自救的良好条件，强化火灾事故援救任务关键实效性。本书是一本关于消防灭火救援研究的专著，让读者对火灾产生的原因有所了解，并且探析了消防救援工作，以期提高人们对火灾的安全意识。

　　在成书过程中，作者得到了许多专家学者的宝贵建议和热情指导，同时也参考了诸多学者的研究成果，在此表示最诚挚的谢意。由于时间仓促，作者水平有限，书中难免会有纰漏之处，特恳请众多专家、学者、读者等批评指正。

# 目　录

# 第一章　灭火基础理论与方法

本章对灭火的理论基础进行介绍，并且提出了灭火的几种方法。

# 第一节　燃烧理论及灭火基础理论

## 一、燃烧的本质与特征

本质上来说，燃烧是一种氧化还原反应，是指可燃物跟助燃物（氧化剂）发生的一种剧烈的发光、发热的氧化反应过程。以往人们认为燃烧反应是直接发生的，但现代研究发现很多燃烧反应并不是直接进行的，而是自由基和原子等中间产物在瞬间进行的循环连锁反应，热和光是燃烧过程中的物理现象，游离基的连锁反应则是燃烧反应的本质。

燃烧区别于一般氧化还原反应主要在于燃烧过程伴随放热、发光、火焰和烟气等现象，其基本特征如下：

### （一）放热

在燃烧的氧化还原反应中，反应过程属于放热过程，使得燃烧区的温度急剧升高。在火灾中，这种高温会对人员、设备及建筑物造成严重的威胁。

### （二）发光

燃烧过程中白炽的固体粒子和某些不稳定的中间物质分子内的电子会发生能级跃迁，产生发光现象。

### （三）火焰

火焰是气相状态下发生的燃烧的外部表现，具有发热、发光、电离、自行传播的特点。根据燃料与氧化剂的模式不同，火焰可以分为扩散火焰与预混火焰。扩散火焰是指两种反应物在着火前未相互接触，其火焰主要受混合、扩散因素的影响，火灾中以扩散火焰为主；若在着火的两种反应物的分子已经接触，所形成的火焰称为预混火焰。按流体力学特征，火焰可分为层流火焰和湍流火焰，火灾中绝大部分属于湍流火焰。按状态不同，火焰可分为移动火焰和驻定火焰。按两种反应物初始物理状态不同，火焰可分为均相火焰和多相火焰，其中多相火焰也称为异相火焰。

### （四）烟气

据统计，火灾中 80% 以上的死亡者是由于吸入了烟尘及有毒气体昏迷后致死的。烟气主要由燃烧或热解作用下产生的悬浮于大气中的细小固体或液体微粒组成，其中固体微粒主要为碳的微粒即碳粒子。

## 二、燃烧的基本形式

### （一）根据燃烧的发生相态划分

火灾中涉及的燃烧形式很多，根据燃烧发生的相态不同，燃烧可以分为均相燃烧和非均相燃烧。

#### 1. 均相燃烧

均相燃烧是指可燃物与助燃物属于同一相态，如天然气在空气中燃烧。

#### 2. 非均相燃烧

非均相燃烧是指可燃物和助燃物属于不同相态，如油类火灾属于液相在气相中燃烧，固体表面燃烧属于固相在气相中燃烧。非均相燃烧较为复杂，比如塑料制品燃烧涉及熔融、蒸发及气相燃烧等现象。

### （二）根据燃烧物的形态划分

根据燃烧物形态的不同，燃烧可以分为气体燃烧、液体燃烧和固体燃烧。

#### 1. 气体燃烧

气体燃烧是指气体在助燃性介质中发热发光的一种氧化过程，由于不需要经历熔化和蒸发过程，其所需热量仅用于氧化或分解，燃烧速度快。按照燃烧中可燃物与氧化剂的混合形式不同，气体燃烧可分为扩散燃烧和预混燃烧。

（1）扩散燃烧。扩散燃烧是可燃气体与空气或其他氧化性气体一边进行混合一边进行燃烧的燃烧方式，可燃气体的混合是通过气体的扩散来实现的，而且燃烧过程要比混合过程快得多，因此燃烧过程只处于扩散区域内，燃烧的速度主要由气体混合速度来决定。

（2）预混燃烧。预混燃烧是可燃气体先与空气或其他氧化性气体进行混合，然后再发生燃烧的燃烧方式，这种燃烧方式主要发生在封闭性或气体扩散速度远小于燃烧速度的体系中，其燃烧火焰可以向任何有可燃预混气体的地方传播。该类燃烧方式的火灾具有燃烧速度快，温度高等特点，建筑物的爆燃便属于该形式，通常发生在矿井、化工厂和石化储罐等场所。

**2. 液体燃烧**

液体燃烧是指可燃液体在助燃性介质中发热发光的一种氧化过程。可燃液体只有在闪点温度以上（含闪点温度）时才会被点燃。在闪点温度时只发生闪燃现象，不能发生持续燃烧现象。只有液体温度达到其燃点时，被点燃的液体才会发生持续燃烧的现象。液体物质持续受热形成可燃蒸气，蒸气与空气混合后形成可燃性混合气体，并在达到一定浓度后遇火源才会发生燃烧。

**3. 固体燃烧**

根据可燃固体的燃烧方式和燃烧特性的不同，固体燃烧可以分为五种：蒸发燃烧、表面燃烧、分解燃烧、熏烟燃烧（阴燃）和动力燃烧（爆炸）。大部分固体可燃物的燃烧不是物质自身燃烧，而是物质受热分解出气体或液体蒸气在气相中燃烧，这个过程极其复杂，为了简化问题，可以视作物质因受热而发生的燃烧过程。

# 三、燃烧的基本过程

从燃烧发展的微观角度来看，可以将燃烧分为以下几个阶段：

第一阶段：吸热过程。在外部热源或火源作用下，材料的分子运动加剧，分子间距增大，材料温度逐渐升高。该过程中材料的升温速率除了与外部热流速率和温差有关外，还与材料的比热容、热导率、炭化及蒸发等相关。当材料温度升高到一定程度时，转入第二阶段。

第二阶段：热解过程。随着温度的进一步升高，材料开始受热分解，并释放出 $CO$、$CO_2$、高分子聚合物材料，在热解过程中还会释放出甲醛、醇类和醚类等有机化合物。聚合物材料在较低温（300℃）热解时，生成挥发物和仍可继续热解的固相产物。挥发物由气体和固体颗粒组成，气体包含有机小分子化合物、一氧化碳和二氧化碳等气体。而固体颗粒可能形成烟的主要组成部分，尤其在无焰燃烧条件下，可继续热解的固相产物经高温热解可生成高温挥发物和最终的固体残留物。该热解过程还分高温热氧分解和高温无氧分解两种情况：高温热氧分解过程中，高温挥发物主要是二氧化碳和少量一氧化碳等；而在高温无氧分解过程中，高温挥发物主要是高沸点多环芳烃类物质。

第三阶段：着火阶段。当材料分解出的可燃气体与氧气充分混合后，就可能发生着火。材料着火过程与点火源和可燃组分浓度有关，并受材料属性如闪点、燃点、自燃点及氧指数等影响。

第四阶段：燃烧阶段。材料着火后释放大量热量加剧材料的分解，使得燃烧更加剧烈并发生扩散现象。材料的燃烧过程极其复杂，涉及传热、材料的热分解、分解产物在气相和固相中的扩散和燃烧等一系列环节。

第五阶段：燃烧传播阶段。在热作用下，材料的表层被首先引燃，火焰向周围传播，而处于内部的材料难以被引燃。火焰的传播速率不仅取决于燃烧物质以及周围可燃物的性质，还与材料的表面状况以及暴露的程度有关。此外，燃烧的传播必须将材料表面温度提高至引燃温度，这种升温是向前火焰传播的热流量引起的。

## 四、燃烧与火灾的相互关系

火灾是一种特殊的燃烧现象，人们通常认为燃烧与火灾的过程是同步的，甚至完全是一个事物，但二者的关系并非如此简单，下面将更进一步明确燃烧与火灾的关系。

### （一）二者存在或产生的关系

并非所有的燃烧都造成火灾。我们可以把不造成灾害的燃烧称为有利燃烧，把造成灾害的燃烧称为不利燃烧。有利燃烧失控会转变为不利燃烧，不利燃烧本身就是失控的，二者都可造成火灾。如前者在实际中可能是用火不慎，后者可能是放火。因此，当不利燃烧出现或有利燃烧失控时火灾才随之开始，但只要有火灾产生就一定有不利燃烧存在。由此可见燃烧是火灾的必要条件。

### （二）二者发展过程的关系

对于通常情况下的火灾，其燃烧过程一般都经历三个基本阶段：不利燃烧产生或有利燃烧失控；失控燃烧后发展壮大；燃烧衰落熄灭。在失控燃烧发展的过程中，火灾的灾害程度不断累积增大，其既不会缩小也不会消失，只是增长速率的大小发生了变化。由此可见，燃烧失控状态并不是度量火灾灾害程度的标尺。

### （三）二者结束和延续的关系

一般情况下，随着燃烧失控状态的终止，火灾灾害也停止增长，这通常被认为是火灾已被成功扑救。然而某些时候即使燃烧失控状态已终止，不利燃烧受控恢复为有利燃烧或燃烧彻底被熄灭，但灾害却仍有继续增长的可能。例如，火灾被扑灭后，建筑物的倒塌、化学危险物品的泄漏等次生灾害造成的人员伤亡或环境污染等其他问题。因此，火灾灾害程度的增长并不一定随燃烧受控或终止而停止。

### 五、灭火过程概述与基本原理

灭火过程就是破坏燃烧所具备的基本条件从而使燃烧终止的过程。灭火过程中需要满足两个基本条件：一是防止形成燃烧的基本条件，二是切断基本条件之间的相互作用。从物理角度看，灭火就是终止各种燃烧的过程，即在燃烧区消除任何形式燃烧的过程（有焰燃烧、无焰燃烧、阴燃等）继续进行所需的条件。

正确认识燃烧现象，了解燃烧过程的发展规律和基本原理，掌握燃烧熄灭和终止的相关基础理论，是有效控制火灾和提高灭火效率的基础。而这些燃烧理论基础不是孤立的，它们与灭火原理之间存在着密切的联系，下面将重点介绍基于热理论、连锁反应理论、活化能理论和扩散燃烧理论等燃烧理论的灭火原理。

# 第二节　基于热理论的灭火基础理论

在非绝热情况下，混合气体的质量分数变化计算比较复杂，为了计算简便，乌里斯提出一个假想的简单开口系统，在这个系统上进行着火和灭火分析，建立了理想的"零维"模型，通过这一分析可以看出着火与灭火之间的本质关系。

在任何反应系统中，可燃混合物一方面在进行缓慢的氧化作用放出热量从而使得整个反应系统的温度升高；另一方面，整个系统又会向外散热，使得整个反应系统的温度降低。热理论认为，着火是反应放热与散热相互作用的结果。如果反应放热大于散热，则系统温度升高，系统的化学反应加快，可能发生自燃；如果反应散热大于放热，则系统温度降低，系统的化学反应减慢，不能发生自燃。

## 一、防火技术的基本理论

根据燃烧必须是可燃物、助燃物和火源这三个基本条件相互作用才能发生的道理，采取措施，防止燃烧三个基本条件的同时存在或者避免它们的相互作用，这是防火技术的基本理论。所有防火技术措施都是在这个基本理论的指导下采取的，或者可这样说，全部防火技术措施的实质，即是防止燃烧基本条件的同时存在或避免它们的相互作用。例如，在汽油库里或操作乙炔发生器时，由于有空气和可燃物（汽油或乙炔）存在，所以规定必须严禁烟火，这就是防止燃烧条件之一（火源存在）的一种措施。又如，安全规程规定气焊操作点（火焰）与乙炔发生器之间的距离必须在10m以上，乙炔发生器与氧气瓶之间的距离必须在5m以上，电石库距明火、散发火花的地点必须在 30m 以上等。采取这些防火技术措施是为了避免燃烧三个基本条件的相互作用。

## 二、防火条例分析

下面具体分析电石库防火条例中有关技术措施的规定。有关防火条例如下：

（1）禁止用地下室或半地下室作为电石仓库。

（2）存放电石桶的库房必须设置在不受潮、不漏雨、不易浸水的地方。

（3）电石库应距离锻工、铸工和热处理等散发火花的车间和其他明火 30m 以上，与架空电力线的间距应不小于电杆高度的 1.5 倍。

（4）库房应有良好的自然通风系统。

（5）电石库可与可燃易爆物品仓库、氧气瓶库设置在同一座建筑物内，但应以无门、窗、洞的防火墙隔开。

（6）仓库的电气设备应采用密闭式和防爆式；照明灯具和开关应采取防爆型，否则应将灯具和开关装设在室外，再利用玻璃将光线射入室内。

（7）严禁热水、自来水和取暖的管道通过库房，应保持库房内干燥。

（8）库房内积存的电石粉末要随时清扫处理，分批倒入电石渣坑里，并用水加以处理。

（9）电石桶进库前应先检查包装有无破损或受潮等，如果发现有鼓包等可疑现象，应立即在室外打开桶盖，将乙炔气放掉，修理后才能入库；禁止在雨天搬运电石桶。

（10）库内应设木架，将电石桶放置在木架上，不得随便放在地面上。

（11）开启电石桶时不能用火焰和可能引起火星的工具，最好用铍铜合金或铜制工具（其含铜量要低于 70%）。

（12）电石库禁止明火取暖，库内严禁吸烟。

## 三、消除着火源

工业生产过程中，存在着多种引起火灾和爆炸的着火源。例如化工企业中常见的着火源有明火、化学反应，热化工原料的分解自燃，热辐射、高温表面摩擦和撞击绝热压缩电气设备及线路的过热和火花、静电放电、雷击和日光照射等。消除着火源是防火与防爆的最基本措施，控制着火源对防止火灾和爆炸事故的发生具有极其重要的意义。下面着重讨论一般工业生产中常见着火源的防范措施。

### （一）明火

明火指敞开的火焰、火星和火花等。敞开火焰具有很高的温度和很大的热量，是引起火灾的主要着火源。

工厂中熬炼油类、固体沥青、蜡等各种可燃物质，是容易发生事故的明火作业。熬炼过程中由于物料含有水分杂质，或由于加料过满而在沸腾时溢出锅外，或是由于烟道裂缝蹿火及锅底破漏，或是加热时间长、温度过高等，都有可能导致着火事故。因此，在工艺操作过程中，加热易燃液体时，应当采用热水、水蒸气或密闭的电器以及其他安全的加热设备。如果必须采用明火，设备应该密闭，炉灶应用封闭的砖墙隔绝在单独的房间内，周围及附近地区不得存放可燃易爆物质。点火前炉膛应用惰性气体吹扫，排除其中的可燃气体或蒸气与空气的爆炸性混合气体，而且对熬炼设备应经常进行检查，防止烟道蹿火和熬锅破漏。为防止易燃物质漏入燃烧室，设备应定期作水压试验和气压试验。熬炼物料时不能装盛过满，应留出一定的空间；为防止沸腾时物料溢出锅外，可在锅沿外围设置金属防溢槽，使溢出锅外的物料不与灶火接触。还可以采用"死锅活灶"的方法，以便能随时撤出灶火。此外，应随时清除锅沿上的可燃物料积垢。为避免锅内物料温度过高，操作者一定要坚守岗位，监视温升情况，有条件的可采用自动控温仪表。

喷灯是常用的加热器具，尤其是在维修作业中，多用于局部加热、解冻、烤模和除漆等。喷灯的火焰温度可高达1000℃以上，这种高温明火的加热器具如果使用不当，就有造成火灾或爆炸的危险。使用喷灯解冻时，应将设备和管道内的可燃性保温材料清除掉，加热作业点周围的可燃易爆物质也应彻底清除。在防爆车间和仓库使用喷灯，必须严格遵守厂矿企业的用火证制度；工作结束时应仔细清查作业现场是否留下火种，应注意防止被加热物件和管道由于热传导而引起火灾；使用过的喷灯应及时用水冷却，放掉余气并妥善保管。

存在火灾和爆炸危险的场地，如厂房、仓库、油库等地，不得使用蜡烛、火柴或普通灯具照明；汽车、拖拉机一般不允许进入，如确需进入，其排气管上应安装火花熄灭器。在有爆炸危险的车间和仓库内，禁止吸烟和携带火柴、打火机等，为此，应在醒目的地方张贴警示标志以引起注意。如果绝对禁止吸烟很难做到，而又有一定的条件，可在附近划出安全的地方，作为吸烟室，只准许在其室内点火吸烟。

明火与有火灾及爆炸危险的厂房和仓库等相邻时，应保证足够的安全间距，例如化工厂内的火炬与甲，乙、丙生产装置，油罐和隔油池应保持100m的防火间距。

## （二）摩擦和撞击

摩擦和撞击往往是可燃气体、蒸气和粉尘、爆炸物品等着火爆炸的根源之一。例如机器轴承的摩擦发热、铁器和机件的撞击钢铁工具的相互撞击、砂轮的摩擦等都能引起火灾；甚至铁桶容器裂开时，亦能产生火花，引起逸出的可燃气体或蒸气着火。

在有爆炸危险的生产中，机件的运转部分应该用两种材料制作，其中之一是不发生火花的有色金属材料（如铜铝）。机器的轴承等转动部分，应该有良好的润滑，并经常清除附着的可燃物污垢。敲打工具应用铜合金或包铜的钢制作。地面应铺沥青、菱苦土等较软的材料。输送可燃气体或易燃液体的管道应做耐压试验和气密性检查，以防止管道破裂、接口松脱而跑漏物料，引起着火。搬运储存可燃物体和易燃液体的金属容器时，应当用专门的运输工具，禁止在地面上滚动、拖拉或抛掷，并防止容器的互相撞击，以免产生火花，引起燃烧或容器爆裂造成事故。吊装可燃易爆物料用的起重设备和工具，应经常检查，防止吊绳等断裂下坠发生危险。如果机器设备不能用不发生火花的各种金属制品，应当使其在真空中或惰性气体中操作。

### （三）电气设备

电气设备或线路出现危险温度、电火花和电弧时，就成为引起可燃气体、蒸气和粉尘着火、爆炸的一个主要着火源。电气设备发生危险温度是由于在运行过程中设备和线路的短路、接触电阻过大、超负荷或通风散热不良等造成的。发生上述情况时，设备的发热量增加，温度急剧上升，出现大大超过允许温度范围（如塑料绝缘线的最高温度不得超过70℃，橡皮绝缘线不得超过60℃等）的危险温度，不仅能使绝缘材料、可燃物质和积落的可燃灰尘燃烧，而且能使金属熔化，酿成电气火灾。

电火花可分为工作火花和事故火花两类，前者是电气设备（如直流电焊机）正常工作时产生的火花，后者是电气设备和线路发生故障或错误作业出现的火花。

电火花一般具有较高的温度，特别是电弧的温度可达5000～6000K，不仅能引起可燃物质燃烧，还能使金属熔化飞溅，构成危险的火源。在有着火爆炸危险的场所，或在高空作业的地面上存放可燃易爆物品，是引起电气火灾和爆炸事故的原因之一。

保证电气设备的正常运行，防止出现事故火花和危险温度，对防火防爆有着重要意义。要保证电气设备的正常运行，则需保持电气设备的电压、电流温升等参数不超过允许值，保持电气设备和线路绝缘能力以及良好的连接等。

电气设备和电线的绝缘，不得受到生产过程中产生的蒸气及气体的腐蚀，因此电线应采用铁管线，电线的绝缘材料要具有防腐蚀的性能。

在运行中，应保持设备及线路各导电部分连接可靠，活动触头的表面要光滑，并要保证足够的触头压力，以保持接触良好。固定接头时，特别是铜、铝接头要接触紧密，保持良好的导电性能。在具有爆炸危险的场所，可拆卸的连接应有防松措施。铝导线间的连接应采用压接、熔焊或钎焊，不得简单地采用缠绕接线。电气设备应保持清洁，因为灰尘堆积和其他脏污既降低电气设备的绝缘性，又妨碍通风和冷却，还可能由此引起着火。因此，应定期清扫电气设备，以保持清洁。

### （四）静电放电

生产和生活中的静电现象是一种常见的带电现象，静电防护的研究得到了普遍的重视，它的危害性已逐步为人们所认识。据有关统计资料表明，由于静电引起火灾和爆炸事故的工艺过程以输送、研磨、搅拌喷射、卷缠和涂层等居多；就行业来说，以炼油、化工、橡胶、造纸、印刷和粉末加工等居多。这是因为在这些生产工艺过程中，由于气体、高电阻液体和粉尘在管道中的高速流动，或者从高压容器与系统的管口喷出时以及固体物质的大面积摩擦、粉碎、研磨、搅拌等都比较容易产生静电。尤其在天气或环境干燥的情况下，更容易产生静电。生产过程中产生的静电可以由几伏到几万伏，对多数可燃气体（蒸气）与空气的爆炸性混合物来说，它们的点火能量在 0.3mJ 以下，当静电电压在 3000V 以上时，就能点燃。某些易燃液体，如汽油，乙醚等的蒸气与空气混合物，甚至在 300V 时就能引起燃烧或爆炸。此外，静电还可能造成电击。在某些部门如纺织、印刷、粉体加工等，还会妨碍生产和影响产品的质量。

　　静电防护主要是设法消除或控制静电的产生和积累的条件，主要有工艺控制法、泄漏法和中和法等。工艺控制法就是采取合理选用材料、改进设备和系统的结构、限制流体的速度以及净化输送物料、防止混入杂质等措施，控制静电产生和积累的条件，使其不会达到危险程度。泄漏法就是采取增湿、导体接地、采用抗静电添加剂和导电性地面等措施，促使静电电荷从绝缘体上自行消散。中和法是在静电电荷密集的地方设法产生带电离子使该处静电电荷被中和从而消除绝缘体上的静电。

　　为防止静电放电火花引起的燃烧爆炸，可根据生产过程中的具体情况采取相应的防静电措施。例如将容易积聚电荷的金属设备、管道或容器等安装可靠的接地装置，以消除静电，是防止静电危害的基本措施之一。下列生产设备应有可靠的接地：输送可燃气体和易燃液体的管道以及各种闸门、灌油设备和油槽车（包括灌油桥台、铁轨、油桶、加油用鹤管和漏斗等）；通风管道上的金属网过滤器；生产或加工易燃液体和可燃气体的设备储罐；输送可燃粉尘的管道和生产粉尘的设备以及其他能够产生静电的生产设备。防静电接地的每处接地电阻不宜超过 3000Ω，为消除各部件的电位差，可采用等电位措施。例如在管道法兰之间加装跨接导线，既可以消除两者之间的电位差，又可以造成良好的电气通路以防止静电放电火花。

　　流体在管道中的流速必须加以控制，例如易燃液体在管道中的流速不宜超过 4 ～ 5m/s，可燃气体在管道中的流速不宜超过 6 ～ 8m/s。灌注液体时，应防止产生液体飞溅和剧烈搅拌现象。向储罐输送液体的导管，应放在液面之下或将液体沿容器的内壁缓慢流下，以免产生静电。易燃液体灌装结束时，不能立即进行取样等操作，因为在液面上积聚的静电荷不会很快消失，易燃液体蒸气也比较多，因此应经过一段时间，待静电荷减少后，再进行操作，以防静电放电火花引起着火爆炸。

　　在具有爆炸危险的厂房内，一般不允许采用平皮带传动，采用三角皮带比较安全些。但最好的方法是安设单独的防爆式电动机，即电动机和设备之间用轴直接传动或经过减速器传动。采用皮带传动时，为防止传动皮带在运转中产生静电发生危险，可每隔 3 ~ 5d 在皮带上涂抹一次防静电的涂料。此外，还应防止皮带下垂，皮带与金属接地物的距离不得小于 20 ~ 30cm，以减小对接地金属物放电的可能性。

增加厂房或设备内空气的湿度，也是防止静电的基本措施之一。当相对湿度在65% ~ 70% 以上时，能防止静电的积聚。对于不会因空气湿度而影响产品质量的生产，可用喷水或喷水蒸气的方法增加空气湿度。

生产和工作人员应尽量避免穿尼龙或的确良等易产生静电的工作服，而且为了导除人身上积聚的静电，最好穿布底鞋或导电橡胶底胶鞋。工作地点宜采用水泥地面。

防止燃烧三个基本条件中的任何一条，都可防止火灾的发生。如果采取消除燃烧条件中的两条，就更具安全可靠性。例如，在电石库防火条件中，通常采取防止火源和防止产生可燃物乙炔的各种有关措施。

控制可燃物的措施主要有：在生活中和生产的可能条件下，以难燃和不燃材料代替可燃材料，如用水泥代替木材建筑房屋；降低可燃物质（可燃气体、蒸气和粉尘）在空气中的浓度，如在车间或库房采取全面通风或局部排风，使可燃物不易积聚，从而不会超过最高允许浓度；防止可燃物质的跑、冒、滴、漏；对于那些相互作用能产生可燃气体或蒸气的物品应加以隔离，分开存放。例如，电石与水接触会相互作用产生乙炔气，所以必须采取防潮措施，禁止自来水管道、热水管道通过电石库等。

在必要时可以使生产在真空条件下进行，在设备容器中充装惰性介质保护。例如，水入电石式乙炔发生器在加料后，应采取惰性介质氮气吹扫；燃料容器在检修焊补（动火）前，用惰性介质置换等。也可将可燃物隔绝空气储存，如钠存于煤油中、磷存于水中、二硫化碳用水封存等。

火灾监测仪表是探测发现火灾的设备。在火灾酝酿期和发展期陆续出现的火灾信息有臭气、烟热流、火光、辐射热等，这些都是监测仪表的探测对象。

# 第三节　基于连锁反应理论的灭火基础理论

## 一、连锁反应理论

连锁反应理论认为，着火并非在所有情况下都是依靠热量的逐渐积累，也可以是在一定条件下使反应物产生少量的活性中心（自由基），引发连锁反应，随着连锁反应的不断进行，自由基逐渐积累，直至整个体系发生着火。自由基是一种瞬变的不稳定化学物质，可能是源自分子或其他中间物质，它们的反应活性非常强，往往是反应中的活性中心。连锁反应一旦发生，就可以经过许多连锁步骤自动发展下去，直至反应物全部消耗完为止，体系内自由基的全部消失会导致连锁反应的中断，反应物的燃烧反应也就此终止。

## （一）连锁反应

燃烧反应往往不是两个分子间直接反应生成最后产物，而是活性分子自由基与分子间的作用。反应生成一个活性自由基后，这个活性自由基与另一个分子作用产生另一个新的自由基，新的自由基又迅速参与反应，如此继续下去形成一系列反应，即为连锁反应（又称链式反应）。整个过程将一直持续到活性自由基形成稳定的生成物中断链为止。

## （二）连锁反应过程

连锁反应机理一般由链引发、链传递和链终止三个步骤组成。

### 1. 链引发

连锁反应中通过各种方法使反应物分子断裂产生自由基的过程称链引发。反应物一般都是比较稳定的物质，要使反应物中的分子化学链断裂，产生第一个自由基，就需要很大的外来能量进行引发。因此连锁反应的引发过程较为困难，其中常用的引发方法有热引发、光引发和添加引发剂引发等。

### 2. 链传递

自由基与反应物分子发生反应，在消耗旧自由基的同时又产生新的自由基的过程称为链传递。在此过程中，自由基与反应物中的分子发生反应，在消耗旧自由基的同时能够生成新的自由基，因而可以保证自由基的数量，使连锁反应可以一链传一链，保证化学反应能够持续进行下去。链传递是连锁反应的主体，自由基等活泼粒子是链的传递物。

### 3. 链终止

活性自由基逐渐消失，导致连锁反应中断的过程称链终止。自由基如果与器壁发生碰撞，或两个自由基结合，或自由基与第三个惰性分子相撞失去能量而成为稳定分子，导致连锁反应中的关键物质自由基消失，则连锁反应被终止。

## （三）连锁反应中的着火条件

通过连锁反应逐渐积累自由基的方法可使反应自动加速，直至着火。在连锁反应过程中，外加能量使链引发产生自由基后，链的传播会持续进行下去，随着自由基数量的积累，反应速度加快，最后导致燃烧。但在连锁反应过程中，也有使自由基消失和连锁中断的反应，所以连锁反应的速度是否能得以增长以致燃烧，取决于自由基增长因素与自由基销毁因素的相互作用。

## 二、消防产品监督技术装备类别

消防产品监督技术装备分为以下三大类：

第一类是消防产品现场检测类装备。此类装备用于消防产品现场检测业务。其主要包括点型感烟探测器功能试验器、点型感温探测器功能试验器、线型光束感烟探测器滤光片、火焰探测器功能试验器、数字照度计、数字声级计、超声波流量计、磁性测厚仪、数字万用表、专用燃气喷枪、测力计、衡器、塞尺、破拆工具、电子秤等。

第二类是消防产品身份证监督检查类装备。此类装备用于消防产品身份证检查业务。其主要包括检查仪器（含消防产品身份信息管理客户端软件、专用识别作业设备、电子密钥及蓝牙适配器）和专用手提电脑。

第三类是个人防护类装备。此类装备用于消防监督执法人员履行消防产品监督检查、建设工程消防验收、消防监督检查等法定职责时的个人防护。其主要包括强光手电、防静电工作服、防护眼镜、口罩、消防手套、消防胶靴等。

## 三、消防产品监督技术装备配备要求

消防产品现场检测类装备配备要求：

### （一）一、二、三级装备配备

配备级别为一、二、三级时，消防产品现场检测类装备配备的种类和数量应满足要求。应配装备是每个配备级别和装备种类的最低配备要求；可配装备应根据实际情况配备，可配装备数量中包含应配装备。

### （二）四级装备配备

配备级别为四级时，消防产品监督技术装备配备的种类和数量应满足要求。应配装备是每个配备级别和装备种类的最低配备要求；可配装备应根据实际情况配备，可配装备数量中包含应配装备。

## 四、消防产品监督技术装备的使用

消防产品监督技术装备，大部分是用于检测、测试有关参数的仪器仪表，其中一部分是通用型，如秒表、卷尺等；另一部分则是专用型，如火灾报警探测器功能试验工具等。本节重点介绍专用型仪器仪表的结构、工作原理及其使用。

## （一）点型感烟探测器功能试验器

点型感烟探测器功能试验器是对点型感烟探测器进行火灾响应试验的检测仪器。

**1. 点型感烟探测器功能试验器的构成及工作原理**

点型感烟探测器功能试验器，简称烟杆，由下列部分组成：发烟器（内设风机）、加长杆、发烟棒、打火机、聚烟罩等。其利用通电点燃特制线香或丁烷气体模拟火灾产生的烟雾，并将烟雾送至被检测的典型感烟探测器，检验点型感烟探测器报警功能正常与否。

**2. 点型感烟探测器功能试验器的操作使用方法**

使用点型感烟探测器功能试验器进行检测的操作步骤是：

（1）将棒线香点燃置于发烟器内，如果需要使用聚烟罩，则将聚烟罩一起安装；

（2）把拉伸杆安装到烟杆主体上，根据探测器安装高度调节拉伸长度，使其靠近探测器，将烟嘴对准待检探测器进烟口；

（3）接通电源，风机将发烟棒产生烟雾吹出排至探测器周围，便可检测。30s以内探测器确认灯亮，表示探测器工作正常，否则不正常。

**3. 点型感烟探测器功能试验器的注意事项**

（1）在每次检查前，应将烟在烟道中储存一会儿，以保证开启风机时有足够的烟量排出；

（2）当检验结束时，一定要将烟源取出熄灭；

（3）电池安装时按筒内电池极性方向标识安装，当红色指示灯亮时，应对电池充电；

（4）伸缩杆由玻璃钢材料构成，伸长时从小到大的方向伸长，收缩时从大到小方向收缩，顺序不要错；

（5）发烟棒应保管好，切勿受潮。

## （二）点型感温探测器功能试验器

点型感温探测器功能试验器是对点型感温探测器进行火灾响应试验的检测仪器。

**1. 点型感温探测器功能试验器的构成及工作原理**

点型感温探测器功能试验器，简称温杆。该试验器利用通电产生温源加热空气，模拟发生火灾时产生的高温气体，并将其送至被检测的典型感温探测器，用以检验探测器工作是否正常。

**2. 点型感温探测器功能试验器的操作方法**

使用点型感温探测器功能试验器进行检测的操作步骤如下：

（1）将温源接在连接杆上部，并视探测器的高度调节连接杆的长度；

（2）将电源线接入 220 V 交流电插座上，温源对准待检探测器，打开电源开关；

（3）温源升温，使气流温度大于 80℃，如果 10s 内探测器确认灯亮，表明探测器工作正常，否则不正常。

### 3. 点型感温探测器功能试验器使用注意事项

（1）伸缩杆由玻璃钢材料构成，伸长时从小到大的方向伸长，收缩时从大到小方向收缩；

（2）加热器不应直接对着感温探测器，以免对探测器造成损坏；

（3）温杆用完待温源冷却后，再放入箱中。

## （三）火焰探测器功能试验器

火焰探测器功能试验器用于对火焰探测器的功能进行检测。

### 1. 火焰探测器功能试验器的构成及工作原理

火焰探测器功能试验器的结构，其主要由加热器、丁烷气瓶、伸缩杆等组成，该试验器的工作原理是：以丁烷气为燃烧物，通过电子自动点火，发出红外或紫外光，从而检验火焰探测器报警功能是否正常。

### 2. 火焰探测器功能试验器的操作方法

（1）根据探测器的高度，调节伸缩杆长度；

（2）点燃丁烷气体，将其置于被测的火焰探测器的光通路的中间位置上，30s 内火焰探测器应输出火灾报警信号，同时启动探测器的报警确认灯或起同等作用的其他显示器。

### 3. 火焰探测器功能试验器的使用注意事项

光源采用汽油汽化气体燃烧产生的火焰，要避免周围空气波动引起火焰本身的闪烁。

## （四）线型光束感烟探测器滤光片

线型光束感烟探测器滤光片用于对线型光束感烟火灾探测器的功能检测。

### 1. 线型光束感烟探测器滤光片的结构及工作原理

线型光束感烟探测器滤光片，对线型光束感烟探测器检测时，利用滤光片使光束减弱原理来模拟发生火灾时产生的烟雾遮挡，对线性光束感烟探测器进行火灾响应试验。当滤光片遮挡探测器后，观察在 30s 内探测器是否能响应，是否输出火灾报警信号，并同时启动报警确认灯。

2. 线型光束感烟探测器滤光片的主要技术性能参数透光率：71%、62.8%。

3. 线型光束感烟探测器滤光片的检测方法

（1）选用 2 片不同隔离度的滤光片：0.9dB 滤光片和 10dB 滤光片。因为线型光束感烟火灾探测器的响应阈值应不小于 1dB 不大于 10dB，所以 0.9dB 和 10dB 的滤光片都是探测器不响应的极限值。

（2）将透光度为 0.9dB 的滤光片置于探测器的光通路的中间位置上，并尽可能靠近接收器，观察火灾探测器的报警确认灯状态或起同等作用的其他显示器状态。如果 30s 内未输出火灾报警信号，说明该探测器正常，否则属于不正常。

（3）将透光度为 10dB 的滤光片置于探测器的光通路的中间位置上，并尽可能靠近接收器，观察火灾探测器的报警确认灯状态或起同等作用的其他显示器状态。如果 30s 内未输出火灾报警信号，说明该探测器正常，否则属于不正常。

（4）必须两次测试都合格，才能认为探测器正常。

## （五）数字声级计

数字声级计主要用于检测水力警铃、电警铃、蜂鸣器等报警器件的声强。

### 1. 数字声级计的结构及工作原理

数字声级计，用传声器将声音信号变成电信号，通过调节电路、A/D 转换等过程，最后由液晶数字显示器直接显示测量结果，测量单位一般为 dB。

### 2. 数字声级计的使用注意事项

（1）进行产品检测时，首先对仪器进行校准；

（2）当无法避开大的背景噪声时，应对测量结果进行适当的背景噪声修正；

（3）尽量避免强风并减少人体对噪声测量的影响；

（4）在低温或阳光直射的场所使用仪器时，要采取适当的防护措施。

## （六）数字照度计

数字照度计用于检测应急照明灯具和疏散指示标志的照度。

### 1. 数字照度计的结构及工作原理

数字照度计，它是一种专门测量光度、亮度的仪器仪表。光照度是物体被照明的程度，也即物体表面所得到的光通量与被照面积之比，单位为 lx，一般黑夜为 0.001 ~ 0.02lx，月夜为 0.02 ~ 0.3lx，阴天室内为 5 ~ 50lx，晴天室内为 100 ~ 1000lx。其工作原理是：利用光敏二极管的光伏特效应将光信号转换为电信号输出，通过调节、放大、显示电路和计数器等实现发光强度的测定。

**2. 数字照度计的操作使用方法**

（1）打开电源和光检测器头盖，并将光检测器水平放在测量目标照射范围内最不利点的位置；

（2）当显示数据比较稳定时，读取并记录读数器中显示的测量值。如果显示屏左端只显示"1"，表示照度过量，即出现过载现象，应立即重新选择高档量程测量。注意观测值等于读数器中显示数字与量程值的乘积。

**3. 数字照度计的使用注意事项**

（1）当液晶左下角显示"LOWBAT"时，应更换电池；

（2）如果液晶左边显示一个或多个0，使用时应把范围开关调到较低一档，以提高分辨率和准确度。

## （七）数字万用表

数字万用表又称多用表、三用表、复用表，是电气检测作业中最常用的仪器之一，其可用来测量直流和交流电压、直流电流、电阻、电容等。

**1. 数字万用表的操作方法**

（1）使用前，应认真阅读有关的使用说明书，熟悉电源开关、量程开关、插孔、特殊插口的作用。

（2）将电源开关置于"ON"位置。

（3）交直流电压的测量：根据需要将量程开关拨至"DCV"（直流）或"ACV"（交流）的合适量程，红表笔插入"V/S"孔，黑表笔插入"COM"孔，并将表笔与被测线路并联，读数即显示。

（4）交直流电流的测量：将量程开关拨至"DCA"（直流）或"ACA"（交流）的合适量程，红表笔插入"mA"孔（<200mA 时）或"10A"孔（>200mA 时），黑表笔插入"COM"孔，并将万用表串联在被测电路中即可。测量直流流量时，数字万用表能自动显示极性。

（5）电阻的测量：将量程开关拨至"Q"的合适量程，红表笔插入"VQ"孔，黑表笔插入"COM"孔。如果被测电阻值超出所选择量程的最大值，万用表将显示"1"，这时应选择更高的量程。测量电阻时，红表笔为正极，黑表笔为负极，这与指针式万用表正好相反。因此，测量晶体管、电解电容器等有极性的元器件时，必须注意表笔的极性。

**2. 数字万用表的使用注意事项**

（1）如果无法预先估计被测电压或电流的大小，则应先拨至最高量程档测量一次，再视情况逐渐把量程减小到合适位置。测量完毕，应将量程开关拨到最高电压档，并关闭电源。

（2）满量程时，仪表仅在最高位显示数字"1"，其他位均消失，这时应选择更高的量程。

（3）测量电压时，应将数字万用表与被测电路并联。测电流时应与被测电路串联，测直流量时不必考虑正、负极性。

（4）当误用交流电压挡去测量直流电压，或者借用直流电压挡去测量交流电压时，显示屏将显示"000"，或低位上的数字出现跳动。

（5）禁止在测量高电压（220V 以上）或大电流（0.5A 以上）时转换量程，以防止产生电弧，烧毁开关触点。

（6）当显示"BAT"或"LOWBAT"时，表示电池电压低于工作电压。

## （八）超声波流量计

超声波流量计，由于超声波在流动的流体中传播时记载上流体流速的信息，因此，通过接收到的超声波就可以检测出流体的流速，从而换算成流量。

### 1. 超声波流量计的种类

（1）按使用场合分类

超声波流量计按使用场合不同，分为以下三种类型：

固定式超声波流量计：用于安装在某一固定位置，对某一特定管道内流体的流量进行长期不间断地计量。

便携式超声波流量计：主要用于对不同管道的流体流量作临时性测量，其具有很大的机动性。

手持式超声波流量计：其体积小、重量轻、准确可靠、使用方便，是消防设施检测中的理想检测仪器，其测量管径在 0 ~ 700mm 之间，精度 +1%。

（2）按工作原理分类

超声波流量计按工作原理不同，分为以下两种类型：

多普勒式超声波流量计：它是利用相位差法测量流速，即某一已知频率声波在流体中运动，液体本身有一运动速度，导致超声波两接收器或发射器之间频率或相位发生相对变化，测量这一相对变化就可获知液体速度。

时差式超声波流量计：它是利用时间差法测量流速，即某一速度声波流体流动而使其两接收器或发射器之间传播时间发生变化，测量这一相对变化就可获知流体流速。

### 2. 超声波流量计的安装方式

超声波流量计的传感器一般采用 W 方式、V 方式和 Z 方式三种安装形式。通常情况下，管径在 25 ~ 75mm 之间时，采用 W 方式安装；管径小于 300mm 时，采用 V 方式安装；管径大于 200mm 时，采用 Z 方式安装。为提高测量准确性和灵敏度，对于既可以采用V方式安装又可采用Z方式安装的传感器,尽量选用Z方式。实践表明，

Z方式安装的传感器超声波信号强度高，测量的稳定性也好。

### 3. 超声波流量计操作方法

先将传感器与主机相接，红色传感器接于上游端子，蓝色传感器放于下游端子。然后将两个磁性传感器与所测流量的管道连接，若不能相互吸引，则采用支架将传感器固定。固定好后打开主机输入管道材质、直径、传感器距离、流体性质等相应的参数，即可开始测量。

## （九）超声波测厚仪

### 1. 超声波测厚仪的工作原理

超声波测厚仪，该仪器是根据超声波脉冲反射原理来进行厚度测量的，当探头发射的超声波脉冲通过被测物体到达材料分界面时，脉冲被反射回探头，通过精确测量超声波在材料中传播的时间来确定被测材料的厚度。该仪器用于涂层载体为非金属的测量，在消防检测中主要用于防火涂层厚度的测量。

### 2. 超声波测厚仪的操作方法

（1）调零：将探头置于无涂层的光洁平整的底材（即与有涂层的待测工件材质相同）上，探头轴线与底材平面垂直并且接触紧密，旋动调零旋钮使液晶显示器显示"0"。

（2）校准：将随本仪器配置的标有厚度值的标准厚度试块（有机玻璃）置于探头与上述底材之间，旋动校准旋钮，使液晶显示器显示试块的标准厚度值。

（3）重复调零和校准：重复调零和校准直至达到在调零状况下，显示器显示"0"；同时在校准状况下，显示器显示标准试块厚度值之后，便可对待测工件进行厚度测量了。

（4）测量：必须保证探头轴线垂直于被测工件表面，并且接触严密。

消防产品监督技术装备的维护管理应符合以下要求：

①各级公安机关消防机构应建立消防产品监督技术装备使用管理制度，明确专人管理、维护和保养。

②装备的使用人员应熟悉装备和系统的性能、技术指标及有关标准，并接受相应的培训，遵守操作规程。

③所有设备和系统的技术资料、图纸、说明书、技术改造设计图、维修和计量检定记录应存档备查。

# 第四节　基于扩散燃烧理论的灭火基础理论

## 一、扩散燃烧理论的灭火措施

### （一）降低着火系统温度

低温环境下，化学反应变慢，可燃物温度继续下降到小于临界温度后燃烧将熄灭。

### （二）降低反应物浓度

着火系统中反应物的浓度降低，化学反应速率减慢。该过程的作用机理与降低着火系统温度类似，着火系统温度 T 下降，使得化学反应进一步变慢。当可燃物冷却到临界温度以下时，燃烧熄灭。

### （三）使用气相阻燃剂

气相阻燃剂的作用是能够同时改变化学反应速率常数和活化能。但是这些化学作用复杂且各不相同，无法准确地量化。这里只需要记住化学作用可以影响灭火过程即可。

## 二、学校的火灾危险性

学校的教学楼、宿舍楼、实验楼、电教中心及计算中心是人员集中的场所，这类建筑一旦发生火灾，疏散扑救不及时，很容易造成重大伤亡。学校的火灾危险性主要表现在以下几个方面：

1.学校大多采用砖木结构，耐火等级低，防火分隔设施欠缺，发生火灾后不易扑救，蔓延迅速。

2.许多建筑年代久远，其电气线路陈旧老化，设计负荷只考虑了普通照明的要求，特别是近年来各种用电设备的增多，学生在宿舍中乱拉电线、随意使用大功率电热器具，线路负荷增加，很容易引起电气火灾。

3.消防设施缺乏。许多建筑中没有设置现行国家消防安全技术规范中要求设置的现代消防设施，甚至最基本的消防栓和灭火器都没有，一旦发生火灾，束手无策。

4.学校内的各种场所一般人员都很密集，安全出口数量和疏散宽度不够，且学校为了便于管理，经常将部分安全出口锁死，学生又缺乏消防安全常识，发生火灾，极易造成群死群伤。

5.宿舍、实验室、图书馆、电教中心等建筑内可燃物多,火灾荷载大,实验室还使用大量易燃易爆的化学危险物品,一旦发生火灾,蔓延迅速,难以控制。

6.火源难以控制,特别是在学生宿舍,学生违章使用电热器具,所使用的充电器、应急灯多为伪劣产品,夜间熄灯后点蜡烛以及学生在宿舍中吸烟、点蚊香等等,稍有不慎,即会引起火灾。

# 三、学校消防安全措施

学校火灾危险性大,发生火灾后果严重,社会影响大,必须采取各种措施,加强防火管理,增强师生的消防意识,做到防患于未然。

## (一)教学楼的防火措施

### 1.建筑防火

(1)教学楼距火灾危险性较大的实验楼、甲乙类物品生产厂房、化学危险品库房的防火间距不应小于25m。

(2)作为教学楼使用的建筑,其耐火等级应为一、二级,采用一、二级耐火等级的建筑确有困难且层数不高时,也可采用三级耐火等级的建筑,对五六十年代建造的砖木结构的教学楼,要逐步进行适当的技术改造。

(3)教学楼的安全出口应分散布置。每个防火分区、一个防火分区的每个楼层,其相邻2个安全出口最近边缘之间的水平距离不应小于5m。

(4)供疏散使用的楼梯间应为封闭或防烟楼梯间,且楼梯间应保持畅通,不应设置卷帘门、栅栏等影响安全疏散的设施;首层应设直通室外的出口;教学用房间疏散门的数量应经计算确定,且不应少于两个,该房间相邻两个疏散门最近边缘之间的水平距离不应小于5m。

(5)超过5层或体积超过1万 m³ 的教学楼应设室内消防管网及室内消防栓。

(6)改造旧建筑中的电气线路,进行扩容增容;对严重老化、损坏的线路不应再继续使用;平时做好维护工作,以消除火灾隐患。

(7)应根据国家有关消防设计规范的要求设置自动喷水灭火系统和火灾自动报警系统等自动消防设施。

### 2.消防管理

(1)课堂上演示实验使用的易燃易爆化学危险物品,取用应适量,用完后的剩余药品必须立即清除,不能在教室中存放。

(2)教室中的废纸、杂物应有专人负责每天清除,各种照明灯具、用电设备做到人走断电，以防发生意外。

### （二）宿舍楼的防火措施

1. 建筑防火措施。宿舍楼要求有较好的耐火性能，并尽量将防火分区的面积划分得小些，阻止火势蔓延，同时，改善住宿条件，使学生的居住不要过于拥挤。这样，既提高了住宿水平，也降低了火灾荷载，减小了宿舍楼的火灾危险性。

2. 严格用火用电管理。宿舍内乱拉电线、乱用电器，是引起火灾的一个主要原因。所以，学校一定要加强对学生宿舍的管理，严禁在宿舍内使用电炉、电熨斗、电热杯等电热器具，对学生进行经常性的安全教育，一经发现使用必须从严处理，严禁在宿舍中乱拉、乱接电线，并定期检查电气线路是否良好，如发现老化破损，应及时进行检修更换，每间集体宿舍均应设置用电超载保护装置，防止因电线短路引起火灾。此外，还应对学生使用明火进行严格控制，坚决禁止在宿舍点蜡烛。

3. 加强消防安全意识教育。消防安全问题是国计民生的一个大问题，这就要求从学校领导到学生都必须加强消防意识，重视消防安全工作，大力宣传有关的安全知识，使人人心中有消防、懂消防，真正了解它的重要性，了解防火防灾、安全逃生的方法，使其在火灾发生时有一定的自救能力。

4. 落实消防安全制度。学生宿舍内，必须切实落实安全制度，并有专人负责楼内的卫生和安全等项工作，宿舍楼内还应按消防设计规范的要求设置消防栓、移动式灭火设备等消防设施，教育学生爱护消防设施，以便火灾发生时能够及时进行补救，尽量降低损失。

5. 宿舍需要控制人员随意出入的安全出口、疏散门，或设有门禁系统的，应保证火灾时不需使用钥匙等任何工具即能易于从内部打开，并应在显著位置设置"紧急出口"标志和使用提示。其设置可以根据实际需要选用以下方法：

（1）设置报警延迟时间不应超过 15s 的安全控制与报警逃生门锁系统。

（2）设置能与火灾自动报警系统联动，且具备远程控制和现场手动开启装置的电磁门锁装置。

## 四、实验室防火措施

1. 对实验室的各种器材、设备，药品均应有严格的管理制度，特别是实验用的易燃易爆化学危险物品，应随用随取，不应在实验现场存放；零星少量的备用化学危险物品，存储量不应超过一天的使用量，应由专人负责，存放在金属柜中；对存放大量危险物品的库房，必须有完善的消防安全措施，并满足相关规范的要求。

2. 实验室中使用的电器设备必须有确切、固定的位置，定点使用，专人管理，周围应与可燃物保持 0.5m 以上的间距。电源线必须是橡胶护套的电缆线。

3.使用电烙铁，要放在不燃的支架上，周围也不可堆放可燃物品，用完后立即拔下电烙铁插头，下课后将实验室的电源切断。

4.有变压器、电感线圈的设备，必须设置在非燃的基座上，其散热孔不应覆盖，周围严禁存放易燃物。

5.对性质不明或未知的物料进行实验之前，应先做小试验，从最小量开始，同时采取安全措施，做好防火防爆的准备。

6.实验中使用可燃气体时，设备的安装和使用均应符合相关规范的要求，各种气体的钢瓶都要远离火源，放置于室外阴凉通风的地方，氢、氧和乙炔不能混放在一处。

7.化学物品一经放置于容器内后，必须立即贴上标签，如发现异常或有疑问，应进行检验或询问保管人员，不能随意乱丢乱放，有毒的物品要集中存放并指定专人保管。

8.向容器内装大量的易燃、可燃液体时，要有防静电措施，对于一级溶剂，如醚、苯、乙醇、丙酮等极易燃液体的防火措施，应给以特别的注意，主要包括：实验室的火焰口要远离这些溶剂；存放这类物品的房间内不能有煤气、酒精灯以及有电火花产生的任何设备；增强通风，严格密封等。

9.在有易燃易爆蒸气和可燃气体散佚的实验室，应采用防爆型的电气设备。

10.实验室的管理人员自身应树立严格的消防安全意识，了解相关的知识，在此基础上，对进入实验室的人员进行安全教育，讲明实验中可能发生的危险和安全常识，要求其严格按照实验规程进行操作，并使他们能够了解和掌握实验室内的水、电、气的开关和灭火设备的位置以及安全出口等问题，做到心中有数。对进入实验室的人员应进行登记。

11.烘干机、加温器、恒温箱等加热设备必须经常检查，防止因温控器损坏而引起加热失控。

## 五、计算机中心的防火安全措施

### （一）提高建筑物耐火等级，降低火灾荷载

计算中心建筑的耐火等级应为一、二级，主机房和重要的信息资料室应采用一级耐火等级，机房不应与燃油燃气锅炉房、油浸电力变压器室和大功率发电机房等危险性高的房间邻近布置；为保障人员安全疏散，每个房间均应设置两个以上的安全出口，其附属房间的疏散路线不能横穿计算机房；机房工作室、信息资料室等应单独设置，资料架、工作台等应为非燃材料制成，机房内外墙装饰装修以及其他物品，如窗帘、门帘、计算机罩等，均应采用非燃或经过阻燃处理的材料，尽量减少可燃物的数量。

## （二）电气设备防火

（1）室内照明的功率较大的白炽灯、卤钨灯。其引线应穿套瓷管、石棉玻璃丝等不燃材料作为隔热保护；蓄电池室应靠外墙设置，加强通风，并采用防爆型电气设备。

（2）各类电气设备的安装和维修，线路改动和临时用线，须由专业电工按国家有关标准和规定操作安装，严禁在机器运行状态下进行；要经常对电气设备和线路进行检查和维修，以确保安全，消除事故隐患。

## （三）防雷、防静电

（1）避雷针接地体埋深不小于 1.0m，离开建筑物不小于 3.0m。

（2）机房外设良好防雷设施，其接地电阻不大于 $10\Omega$；计算机交流系统工作接地和安全保护接地电阻均不宜大于 40，直流系统工作接地电阻不大于 $1\Omega$。

（3）计算机系统的电源线，必须有良好的绝缘，并采取穿金属管或难燃 PVC 管安装。

（4）计算机直流系统工作接地极与防雷接地引下线之间距离应大于 5m，交流线路走线不应与直流线路紧贴平行敷设，更不能互相混接；电源线、动力线、照明线、机器弱电线等，须与避雷针引下线保持一定的安全距离。

（5）选择具有防火性能的抗静电活动地板，并采取其他的防静电措施。

## （四）完善消防设施加强消防管理

（1）大中型计算机中心应设置消防控制室，控制室应有接受火灾报警、发出声光信号、控制灭火装置及通风空调系统和电动防火门、防排烟等设施的功能。

（2）设置火灾自动报警装置，自动报警系统应设有主电源和直流备用电源，主电源应采用专用的消防电源，并保证消防系统在最大负载的状态下不影响报警控制器的正常工作；机房内应同时安装感温式和感烟式两种探测器，争取在最短时间内报警；自动报警系统应设有自动、手动两种触发装置。

（3）安装固定灭火装置，及时迅速地进行灭火，此外，还必须正确选择灭火剂，可以选用对计算机系统无害的二氧化碳和七氟丙烷灭火剂，不能选用水、泡沫、干粉等灭火剂。

（4）完善日常的消防管理工作，对工作人员进行安全教育和培训，严禁存放易燃易爆危险物品，禁止吸烟，更不允许随意动用明火；禁止带电进行维修作业，定期检查设备的运行状况、技术安全制度和防火安全制度执行情况，对不完善之处，要及时修复，切实改进，以确保计算机中心的安全。

以上我们只是对学校中较典型的几类建筑的防火安全进行了分析，学校中还有其他建筑和其他潜在的火灾危险，为了确保学校正常的教学制度和学生、教师的生命安全，必须人人树立严格的消防意识，切实落实各项安全制度，消除各种火灾隐患，努力创造一个安全、舒适、健康的学习环境。

# 第五节　基于活化能燃烧理论的灭火基础理论

## 一、活化能燃烧理论的灭火措施

活化能理论熄灭和终止燃烧的出发点是使着火系统的活化分子数量减少，有效碰撞次数降低，导致反应速率不断降低，最后使体系中的燃烧反应无法进行。减少燃烧体系中活化分子数量和降低体系反应速率达到灭火的目的，可以采取以下灭火措施：

### （一）降低着火体系温度

降低着火系统温度可以有效降低系统的反应速率，使得活化分子比例下降，有效碰撞频率降低，当活化分子数低于燃烧反应的临界活化分子数，则燃烧将熄灭与终止。

### （二）降低活化分子的有效碰撞频率

通过降低体系中可燃物或助燃物分子浓度可以有效降低系统中活化分子的碰撞频率，进而降低反应速率，当燃烧反应的有效碰撞频率不足以继续维持燃烧反应的进行，则达到燃烧终止和灭火的目的。

### （三）增大体系的反应活化能

在一定温度下，反应的活化能越大，活化分子所占百分比就越小，反应越慢。通过添加负催化剂则可以有效增大反应的活化能使得反应速率降低，燃烧速率减缓并逐渐终止。在一定条件下，添加少量的催化剂能够使聚合物催化氧化脱氢而生成水和碳，称为催化成炭，该过程中催化剂参与新的反应历程，使体系的活化能增加，反应速率减缓，该催化剂为负催化剂。

## 二、灭火救援理论研究

灭火救援理论是发展技术装备的重要基础，而在社会稳定发展的过程中，灭火救援工作规定以及作战形式明显改变。相较于传统火灾的扑救工作，灭火救援工作的作战形式与对象也明显变化。必须保证有效融合灭火救援实践与理论内容，以保证与灭火的要求相适应，灵活运用灭火救援技术装备。而灭火救援理论的发展需求具体表现在以下几点：

第一，对新型易燃易爆危险品火灾危险系数进行分析和探究，通过实验方法，根据易燃易爆危险品破坏的程度，科学合理地选择使用相应的灭火工具以及灭火剂。另外，需对易燃易爆危险品的火灾事故解决方式进行分析以及探究，尤其是在扑救压缩天然气以及车用乙醇汽油等方面。

第二，对灾害事故发生、预防以及控制方法进行分析和探究，特别是对具有代表性的灾害事故规律的研究。只有这样，才能够有效地规避火灾事故的危害。其中，若灭火救援时需要使用水，但如果水量过多或是水质损失，同样会对空气以及土壤等环境产生严重的污染。除此之外，也会使交通更为拥堵，通讯出现中断，对于人们日常生活与生产带来不利的影响。由此可见，在灭火救援方面，应在灭火的基础上对衍生灾害进行防治。

第三，对火灾高温条件下建筑物的风险进行分析和评估。基于建筑领域的发展，建筑物高度明显提高，使得楼层的数量也随之上升。在这种情况下，建筑物结构以及所使用的施工材料更加复杂，同样使得灭火救援工作的开展相对困难。所以，相关工作人员一定要将建筑物结构以及力学等作为切入点，对种类不同的建筑物结构以及施工材料进行深入分析。针对不同火灾高温环境背景下的耐热性能以及承重性能展开风险评估，必须对火灾事故建筑物的倒塌规律以及原因予以全面掌握，确保所制定的预测预警方案与应对的措施更加科学合理。

## 三、灭火救援技术装备发展的需求

在研究灭火救援技术装备发展需求方面，需将灭火救援的训练装备以及作战装备作为重点。

### （一）灭火救援训练装备发展的需求

近年来，消防工作人员参与灭火救援训练或是演练的过程中，一般会选择灭火救援作战装备。这种方式不仅会增加作战设备的损耗，同样也会使设备维修以及管理工作难度不断提高。要想进一步开展消防工作，公安消防部门会在国外进口作战设备以及仪器，因而成本价格提高。由于进口设备与仪器制造过于精密，所以维修的难度明显提高。开展灭火救援训练工作的过程中，如果消防设备发生损坏，会对灭火救援的效果产生不利的影响。所以，必须要高度重视研制灭火救援训练装备的重要性，进而为训练提供高质量且专业的消防设备。

第一，不同虚拟与模拟仿真系统，特别是高温、浓烟与强噪音等模拟训练系统。

通过对上述系统的灵活运用，可以使消防工作人员得到锻炼，不断提升自身的消防技能水平。在此基础上，在模拟训练系统使用的情况下，可以实时控制，安全性得到保障，而不会带来不可估量的损失。

第二，由于灭火救援工作集中了灭火与救援工作，所以在灭火救援训练的过程中，必须积极开展防护、堵漏以及医疗和集污等多种训练内容，深入了解不同种类的化学药品。基于此，要及时研制不会伤害人体与生态环境的仿真替代品，并且在灭火救援训练当中实现反复性的使用。

第三，由于城市内部建筑高度较高，所以，在参与城市火灾训练的过程中，必须将登高训练与攀爬训练的内容加入其中。与此同时，应科学合理地研发高空自动保护的装置，确保消防工作人员人身安全。

第四，如果是现实生活中发生的重大特大火灾事故，必须强化消防工作人员的应对能力，全面研究防护工作中的集污袋与防化服以及吸附垫等训练替代品，通过实践训练使得消防工作人员自身技能水平提高。

## （二）灭火救援作战装备发展的需求

第一，个人防护服是消防人员保护自身安全的重要工具，所以，需要研发全新的材料与工艺以及技术，将其应用在防护服制作当中。其中，可以通过新型材料的复合工艺以及防火阻燃涂层的使用，研发轻质且防毒、具有较高安全性的消防防护服，为灭火救援工作的开展提供有力的保障。

第二，控制火灾的时候，消防工作人员很容易吸进有害的气体而昏迷甚至是死亡，所以应充分考虑人体特殊性，合理地设计更具安全性以及智能性的头盔系统，以保证其功能更加多样化，可以防辐射且防毒，同样能够及时传输语音与图像，严格控制并报告火灾的实际情况。

第三，灭火救援会耗费大量体能，因而消防工作人员身体情况会对火灾救援的效果产生直接的影响。在这种情况下，必须要准确定位并监控消防工作人员，实时了解其身体情况，及时补给能量与救治，确保消防工作人员自身安全。

第四，一般情况下在火灾现场，伤亡状况时有发生，所以必须要随身携带应急口服药，同时还有烧伤与创伤药品。这种方式不仅保证了消防工作人员的安全，同样也是对火灾受害群众的安全负责。

第五，因灭火救援工作火灾现场实际状况存在差异，所以，消防工作人员需要携带大量的工具，使其工作量增加。因而，需要进一步研究不同种类的救援器材以及逃生器材，对组合型器材进行推广使用。

# 第六节　灭火的基本方法

　　根据燃烧特性与灭火基础理论分析，可以得到四种灭火的基本方法：冷却灭火法、窒息灭火法、隔离灭火法、化学抑制灭火法，其中冷却、窒息、隔离的灭火方法都是通过控制着火的物理过程灭火，化学压制则是通过控制着火的化学过程灭火。

## 一、冷却灭火法

　　冷却灭火法的原理就是将灭火剂直接喷射到燃烧物上，以增加散热量，将燃烧物的温度降低于燃点以下，使燃烧停止；或者将灭火剂喷洒在火源附近的物体上，使其不受火焰辐射热的威胁，避免形成新的火点。冷却灭火法是灭火的一种主要方法，常用水和二氧化碳作灭火剂冷却降温灭火。灭火剂在灭火过程中不参与燃烧过程中的化学反应，这种方法属于物理灭火方法。

## 二、窒息灭火法

　　窒息灭火法是根据可燃物质燃烧需要足够的氧化剂（空气、氧）的条件，采取阻止空气进入燃烧区的措施，或断绝氧气而使物质燃烧熄灭。为了使燃烧终止，通常将水蒸气、二氧化碳、氮气或者其他惰性气体喷射入燃烧区域内，稀释燃烧区域内的氧气含量，阻止外界新鲜空气进入可燃区域，使可燃物质因缺少氧化剂而自行熄灭。当着火空间氧含量低于 15%，或水蒸气含量高于 35%，或 $CO_2$ 含量高于 35% 时，绝大多数燃烧会熄灭。对于可燃物本身为化学氧化剂时，不能采用窒息灭火。

## 三、隔离灭火法

　　隔离灭火法根据发生燃烧必须具备可燃物的基本条件，切断可燃物供应，使燃烧终止。隔离灭火的具体措施包括：将着火物质周围的可燃物转移到安全地点，将可燃物与着火物分隔开来，中断可燃物向火场的供应等。

## 四、化学抑制灭火法

　　化学抑制法就是抑制燃烧的自由基连锁反应，使燃烧终止。发生火灾时，向着火区域喷洒灭火剂，使灭火剂参与燃烧中的连锁反应，消耗传递过程中的自由基，使燃烧过程中的自由基数量逐渐减少，最终使其不能再发生燃烧，达到灭火的目的；喷洒的灭火剂还具有冷却作用，可以降低整个燃烧系统的温度，降低系统中自由基增长速度，当自由基的产生速度小于消耗速度时，火焰便开始熄灭，从而达到灭火的目的。

# 五、典型火灾的灭火方法

火灾通常都经历从小到大，逐步发展，直至熄灭的过程。火灾发生过程一般可分为初起、发展和衰减三个阶段。根据火灾发展的阶段性特点，必须抓紧时机力争将其扑灭在初起阶段。同时要认真研究火灾发展阶段的扑救措施，正确运用灭火方法，以有效地控制火势，尽快地扑灭火灾。

## （一）化工企业火灾

扑救化工企业的火灾，一定要弄清起火单位的设备与工艺流程、着火物品的性质、是否已发生泄漏现象、有无发生爆炸、有无中毒的危险、有无安全设备及消防设备等。由于化工单位情况比较复杂，扑救难度大，起火单位的职工和工程技术人员要主动指导和帮助消防队一起灭火，其中灭火措施主要有以下几方面：

（1）消除爆炸危险。如果在火场上遇到爆炸危险，应根据具体情况，及时采取各种防范措施。例如，打开反应器上的放空阀或驱散可燃蒸气或气体，关闭输送管道的阀门等，以防止爆炸发生。

（2）消灭外围火焰，控制火势发展。首先，消灭设备外围或附近建筑的火焰，保护受火势威胁的设备、车间，对重要设备要加强保护，阻止火势蔓延扩大。然后，直接向火源进攻，逐步缩小燃烧面积，最后消灭火灾。

（3）当反应器和管道上呈火炬形燃烧时，可组织突击小组，配备必要数量的水枪。冷却燃烧部位和掩护消防员接近火源，采取关闭阀门或用窒息等方法扑灭火焰。必要时，也可以用水枪的密集射流来扑灭火焰。

（4）加强冷却，筑堤堵截。扑救反应器或管道上的火焰时，往往需要大量的冷却用水。为防止燃烧者的液体流散，有时可用砂土筑堤，加以堵截。

（5）正确使用灭火剂。由于化工企业的原料、半成晶（中间体）和成品的性质不同，生产设备所处状态也不同，必须选用合适的灭火剂，在准备足够数量的灭火剂和灭火器材后，选择适当的时机灭火，以取得应有的灭火效果。此外，要避免因灭火剂选用不当而延误灭火时机，甚至发生爆炸等事故。

## （二）油池火灾

油池多被工厂、车间用于物件淬火、燃料储备以及产品周转。淬火油池和燃料储备池大多与建筑物毗邻，着火后易引起建筑物火灾，周转油池火灾面积较大，着火后火势猛烈。对油池火灾，多采用空气泡沫或干粉进行灭火。对原油、残渣油或沥青等油池火灾，也可以用喷雾水或直流水进行扑救。火灾扑救过程中要将阵地布置在油池的上风方向并根据油池的面积和宽度确定泡沫枪（炮）或水枪的数量。用水扑救原油、残渣油火灾时，开始喷射的水会被高温迅速分解，火势不但不会减弱，反而有可能增强。但坚持射水一段时间后，燃烧区温度会逐渐下降，火势会逐渐减弱而被扑灭。油池一般位置较低，火灾的辐射热对灭火人员的影响比地上油罐大。因此，灭火时必须做好人员防护工作，一般应穿防护隔热服，必要时应对接近火源的管枪手和水枪手用水喷雾保护。

### （三）液化石油气气瓶火灾

单个的气瓶大多在瓶体与角阀和调压器之间的连接处起火，产生横向或纵向的喷射性燃烧。瓶内液化气越多，喷射的压力越大。同时会发出"呼呼"的喷射声。如果瓶体没有受到火焰燃烤，气瓶逐渐滑压，一般不会发生爆炸。扑救这类火灾时，如果角阀没坏，要首先关闭阀门，切断气源。可以戴上隔热手套或持湿抹布等，按顺时针方向将角阀关闭，火焰会随之熄灭。瓶体温度很高时，要向瓶体浇水冷却，以降低气瓶温度，并向气瓶喷火部位喷射或抛撒干粉将火扑灭，也可以用水枪对射的方法灭火。压力不大的气瓶火灾，还可以用湿被褥覆盖瓶体将火熄灭。火焰熄灭后，要及时关闭阀门。当液化石油气气瓶的角阀损坏，无法关闭时，不要轻易将火扑灭，可以把燃烧气瓶拖到安全的地点，对气瓶进行冷却，让其自然燃尽。如果必须在这种情况下灭火，一定要把周围火种熄灭，并冷却被火焰烤热的物品和气瓶。

当液化石油气气瓶和室内物品同时燃烧时，气瓶受热泄压的速度会加快，气瓶喷出的火焰会加剧建筑和物品的燃烧。灭火过程中，应一面迅速扑灭建筑和室内物品的燃烧，一面设法将燃烧的气瓶疏散至安全地点。在室内燃烧未扑灭前，不能扑灭气瓶的燃烧。当房屋或室内物品起火，直接烧烤液化石油气气瓶时，气瓶可能在几分钟内发生爆炸。在扑救时，一定要设法把气瓶疏散出去，如果气瓶燃烧时疏散不了，要先用水流冷却保护，并迅速消除周围火焰对气瓶的威胁。

当居民使用液化石油气气瓶大量漏气，尚未发生火灾时，不要轻易打开门窗排气，应先通知周围邻居熄灭一切火种，然后才能通风排气，并用湿棉被等将气瓶堵漏后搬到室外。

### （四）仓库火灾

仓库是可燃物集中的场所，一旦发生火灾，极易造成严重损失。在进行仓库火灾扑救时，应根据仓库的建筑特点、储存物资的性质以及火势等情况，加强第一批灭火力量，灵活运用灭火技术。在只见烟不见火的情况下，不能盲目行动，必须迅速查明以下情况：

（1）储存物资的性质、火源及火势蔓延的途径。

（2）灭火和疏散物资是否需要破拆。

（3）是否因烟雾弥漫而必须采取排烟措施。

（4）临近火源的物资是否已受到火势威胁、是否需要采取紧急疏散措施。

（5）库房内有无爆炸、剧毒物品，火势对其威胁程度如何，是否需要采取保护、疏散措施。

当易爆、有毒物品或贵重物资受到火势威胁时，应采取重点突破的方法进行扑救。灭火中，选择火势较弱或能进能退的有利地形，集中数支水枪，强行打开通路，掩护抢救人员，深入燃烧区将这类物品抢救出来，转移到安全地点。对无法疏散的爆炸物品，应用水枪进行冷却保护。在烟雾弥漫或有毒气体妨碍灭火时，要进行排烟通风。消防人员进入库房时，必须佩戴隔绝式消防呼吸器，排烟通风时，要做好水枪出水准备，防止在通风情况下火势扩大。扑救有爆炸危险的物品时，要密切注视火场变化情况，组织精干的灭火力量，争取速战速决。当发现有爆炸征兆时，应迅速将消防人员撤出。

对于露天堆垛火灾，应集中主要消防力量，采取下风堵截、两侧夹击的方式，防止火势向下风方向蔓延，并派出力量或组织职工监视与扑打飞火。当火势被控制住以后，可将几个物资堆垛的燃烧分隔开，逐步将火扑灭。扑救棉花、化学纤维、纸张及稻草等堆垛火灾，要边拆分堆垛边喷水灭火。此外，对疏散出来的棉花、化学纤维等物资，还要拆包检查，消除隐患。

## （五）化学危险品火灾

扑救化学危险品火灾，如果灭火方法不恰当，就有可能使火灾扩大，甚至导致爆炸、中毒事故发生。所以必须注意运用正确的灭火方法。

### 1. 易燃和可燃液体火灾的灭火方法

液体火灾特别是易燃液体火灾发展迅速而猛烈，有时甚至会发生爆炸。这类物品发生的火灾主要根据它们的密度大小，能否溶于水等选取最有利的灭火方法。

一般来说，对于比水轻又不溶于水的有机化合物，如乙醚、苯、汽油、轻柴油等的物质发生火灾时，可用泡沫或干粉扑救。最初起火时，燃烧面积不大或燃烧物不多时，也可用二氧化碳或卤代烷灭火器扑救。但不能用水扑救，否则会导致易燃液体浮在水面并随水流使火势蔓延扩大。

针对能溶于水或部分溶于水的液体，如甲醇、乙醇等醇类，醋酸乙酯、醋酸丁酯等酯类，丙酮、丁酮等酮类物质发生火灾时，应用雾状水或抗溶型泡沫、干粉等灭火器扑救（最初起火或燃烧物不多时，也可用二氧化碳扑救）。

针对不溶于水、密度大于水的液体，如二硫化碳等着火时，可用水扑救，但覆盖在液体表面的水层必须有一定厚度，方能压住火焰。

敞口容器内可燃液体着火，不能用砂土扑救。因为砂土非但不能覆盖液体表面，反而会沉积于容器底部，造成液面上升以致溢出，使火灾蔓延扩大。

### 2. 易燃固体火灾的灭火方法

易燃固体发生火灾时，一般都能用水、砂土、石棉毯、泡沫、二氧化碳、干粉等灭火材料扑救。但粉状固体如铝粉、铁粉、闪光粉等火灾，不能直接用水、二氧化碳扑救，以避免粉尘被冲散在空气中形成爆炸性混合物而可能发生爆炸，如要用水扑救，则必须先用砂土、石棉毯覆盖后才能进行。

磷的化合物、硝基化合物和硫黄等易燃固体着火，燃烧时产生有毒和刺激性气体，灭火时人要站在上风向，以防中毒。

### 3. 遇水燃烧物品和自燃物品火灾的灭火方法

遇水燃烧物品（如金属钠等）的共同特点是遇水后能发生剧烈的化学反应，放出可燃性气体而引起燃烧或爆炸。遇水燃烧物品火灾应用干砂土、干粉等灭火，严禁用水基灭火器和泡沫灭火器灭火。遇水燃烧物中，如锂、钠、钾、钨、铯、锶等，由于化学性质十分活泼，能夺取二氧化碳中的氧而起化学反应，使燃烧更猛烈，所以也不能用二氧化碳灭火。磷化物、连二亚硫酸钠（保险粉）等火灾时能放出大量有毒气体，在扑救此类物品火灾时，人应站在上风向。

自燃物品起火时，除三乙基铝和铝铁溶剂不能用水灭火外，一般可用大量的水进行灭火，也可用砂土、二氧化碳和干粉灭火器灭火。由于三乙基铝遇水产生乙烷可燃气体，而铝铁溶剂燃烧时温度极高，能使水分解产生氢气，因此这两类物质不能用水灭火。

### 4. 氧化剂火灾的灭火方法

大部分氧化剂火灾都能用水扑救，但对过氧化物和不溶于水的液体有机氧化剂，应用干砂土或二氧化碳、干粉灭火器扑救，不能用水和泡沫扑救。这是因为过氧化物遇水反应能放出氧，加速燃烧，而不溶于水的液体有机氧化剂一般密度都小于水，如用水扑救会导致可燃液体浮在水面流淌而使火灾扩大。此外，粉状氧化剂火灾应用雾状水扑救。

### 5. 毒害物品和腐蚀性物品火灾的灭火方法

一般毒害物品着火时，可用水及其他灭火器灭火，但毒害物品中氰化物、硒化物、磷化物着火时，如遇酸可能产生剧毒或易燃气体。如氰化氢、磷化氢、硒化氢等着火，就不能用酸碱灭火器灭火，只能用雾状水或二氧化碳等灭火。

腐蚀性物品着火时，可用雾状水、干砂土、泡沫和干粉等灭火。硫酸、硝酸等酸类腐蚀品不能用加压密集水流灭火，因为密集水流会使酸液发热甚至沸腾、四处飞溅。而应当用水扑救化学危险物品，特别是扑救毒害物品和腐蚀性物品火灾时，还应注意节约用水，同时尽可能使灭火后的污水流入污水管道。

## （六）电气火灾

电气设备发生火灾时，为了防止触电事故，一般要在切断电源后才进行扑救。

### 1. 断电灭火

电气设备发生火灾或引燃附近可燃物时，首先要切断电源。电源切断后，扑救方法与一般火灾扑救相同。切断电源时应注意以下几个方面：

（1）如果要切断整个车间或整个建筑物的电源，可在变电所、配电室断开主开关。在自动空气开关或油断路器等主开关没有断开前，不能随便拉隔离开关，以免产生电弧发生危险。

（2）电源刀开关在发生火灾时受潮或受烟熏，其绝缘强度会降低，切断电源时，最好用绝缘工具操作。

（3）切断电磁起动器控制的电动机时，应先断开按钮开关停电，然后再断开刀开关，防止带负荷操作产生电弧伤人。

（4）在动力配电盘上，只用作隔离电源而不用作切断负荷电流的刀开关或瓷插式熔断器，叫总开关或电源开关。切断电源时，应先断开电动机的控制开关，切断电动机回路的负荷电流，停止各个电动机的运转，然后再断开总开关切断配电盘的总电源。

（5）当进入建筑物内，利用各种电气开关切断电源已经比较困难，或者已经不可能时，可以在上一级变配电所切断电源，但这样会影响较大的范围供电。当处于生活居住区的杆上变电台供电时，有时需要采取剪断电气线路的方法来切断电源。

（6）城市生活居住区的杆上变电台上的变压器和农村小型变压器的高压侧，多用跌开式熔断器保护。如果需要切断变压器的电源，可以用电工专用的绝缘杆断开跌开式熔断器，以达到断电的目的。

（7）电容器和电缆在切断电源后，仍可能有残余电压。为了安全起见，即使可以确定电容器或电缆已经切断电源，仍不能直接接触或搬动电缆和电容器，以防发生触电事故。

### 2. 带电灭火

有时在危急的情况下，如等待切断电源后再进行扑救，存在火势蔓延的危险或者断电后会严重影响生产，这时为了取得主动，扑救需要在带电的情况下进行。带电灭火时应注意以下几点：

（1）必须在确保安全的前提下进行，应用不导电的灭火剂如二氧化碳、卤代烷、干粉等进行灭火。不能直接用导电的灭火剂如直射水流、泡沫等进行喷射，否则会造成触电事故。

（2）使用小型二氧化碳、卤代烷、干粉灭火器灭火时，由于其射程较近，要注意保持一定的安全距离。

（3）在灭火人员穿戴绝缘手套和绝缘靴，水枪喷嘴安装按地线的情况下，可以采用喷雾水灭火。

（4）如遇带电导线落于地面，则要防止跨步电压触电，灭火人员进入火场必须穿上绝缘鞋。

此外，有油的电气设备（如变压器、油开关）着火时，可用干砂盖住火焰，使火熄灭。

# 第二章　灭火救援技术装备

灭火救援技术装备是成功扑救火灾和完成应急救援行动的物质基础，只有熟悉和掌握灭火救援技术装备的技术性能和应用，才能在灭火救援中，制定出与之相适应的战术对策和充分发挥器材装备的效能。

# 第一节　概述

灭火救援技术装备种类很多，对装备的研究和学习，能够充分发挥其灭火效能。因此，对灭火救援技术装备知识系统地掌握非常重要。

## 一、灭火救援技术装备分类

灭火救援技术装备是用于灭火救援及其保障的车辆、器材、机械、装具和灭火剂的统称，它是构成灭火救援能力的基本要素之一。通常对灭火救援技术装备的分类有以下两种：

### （一）按照火灾的种类分类

按照火灾的种类分类，灭火救援技术装备可分为静态火灾扑救装备和动态火灾扑救装备。其中，静态火灾扑救装备包括工程用消防系统装备及民用灭火救援技术装备；动态火灾扑救装备则包括部队用灭火救援技术装备和特殊领域用灭火救援技术装备。

静态火灾扑救装备是指被施救的对象与环境等条件相对明确、具体、固定，火灾的性质明确，其装备应用具有一定的专一性或专用性，如工程灭火系统装备、民用救生防护器材等。

动态火灾扑救装备是指被施救的对象、环境、地点等因素，以及火灾或救援的性质不明确，火灾有较大的不确定性和随机性，装备相对具有较大的机动性、通用性和处置柔性，如公安消防部队的装备等。

## （二）按照灭火救援技术装备的使用功能分类

按照使用功能分类，灭火救援技术装备可分为消防员个人防护装备、救助装备（如破拆、登高、救生、火灾探测等）、灭火装备与设备（如灭火器、吸水装备、射水装备、消防泵、消防车、消防艇、消防飞机、消防坦克、消防机器人等）、灭火剂（如水、泡沫等）四类。

## 二、灭火救援技术装备配备

### （一）城市消防站建设标准

该标准遵循国家基本建设和消防工作的有关方针、政策，结合我国消防工作任务和消防站的实际需要，借鉴了国外消防站建设经验，确定了有关技术指标。在广泛经征求意见的基础上，由住房和城乡建设部、国家发展和改革委员会批准发布。

主要规定了普通消防站装备的配备，应适应扑救本辖区内常见火灾和处置一般灾害事故的需要；特勤消防站装备的配备，应适应扑救特殊火灾和处置特种灾害事故的需要；战勤保障消防站的装备配备，应适应本地区灭火救援战勤保障任务的需要。

特勤消防站应急救援器材品种及数量配备，普通消防站的应急救援器材品种及数量配备，消防站消防员基本防护装备配备品种及数量，以及消防员特种防护装备配备品种及数量在标准附录中规定，其技术性能应符合国家有关标准。根据灭火救援需要，特勤消防站可视情配备消防搜救犬，并建设相应设施，配备相关器材。对消防站应设置单双杠、独木桥、板障、软梯及室内综合训练器等技能、体能训练器材做了规定。要求消防站的消防水带、灭火剂等易损耗装备，应按照不低于投入执勤配备量 1 ： 1 的比例保持库存备用量。

### （二）消防员个人防护装备配备标准

消防员个人防护装备是消防员实施灭火过程中所佩戴和使用的防护设备或专用工具，其主要作用是提高消防员战斗力和保护自身的安全。消防员个人防护装备包括消防员呼吸保护装备、消防员防护服装及其他防护装备等类别。

# 第二节 水系灭火救援技术装备及其应用

凡是能够通过物理作用和化学作用有效破坏燃烧条件，使燃烧中止的物质，统称为灭火剂。简而言之，灭火剂就是用来灭火的物质。灭火剂的主要类型有水及水系灭火剂、泡沫灭火剂、干粉灭火剂和其他类型灭火剂（如气溶胶灭火剂、三相射流灭火剂等）。

# 一、水及水系灭火剂

水是应用最为广泛的一种灭火剂，是由水或水和化学添加剂组成的灭火剂，即所谓的水系灭火剂。添加剂可以有效提高水的灭火效率，但其灭火原理还是和水基本相同，主要的添加剂类型有：湿润剂、渗透剂、强化剂、增粘剂、减阻剂等。

## （一）水的灭火机理

### 1. 冷却作用

冷却是水的主要灭火作用。水的热容量和汽化潜热很大，其比热为 $4.18J/g \cdot ℃$，汽化潜热为 $2256.7J/g$，当水与炽热的燃烧物接触时，在被加热和汽化的过程中，就会大量吸收燃烧产生的热量，达到冷却的作用。

### 2. 对氧的稀释作用

水遇到炽热的燃烧物而汽化，产生大量水蒸气。$1kg$ 水汽化后可生成 $1.7m^3$ 水蒸气。水变成水蒸气后，体积急剧增大，大量水蒸气的产生将排挤和阻止空气进入燃烧区，从而降低了燃烧区内氧气的含量。在一般情况下，当空气中的水蒸气体积含量达 35% 时，燃烧就会停止。

### 3. 对水溶性可燃液体的稀释作用

水溶性可燃液体发生火灾时，在允许用水扑救的条件下，水与可燃液体混合后，可降低它的浓度和燃烧区内可燃蒸气的浓度，使燃烧强度减弱。

### 4. 水力冲击作用

直流水枪喷射出的密集水流，具有强大的冲击力和动能。高压水流强烈地冲击燃烧物和火焰，可以冲散燃烧物，切割、冲断火焰，使之熄灭。

## （二）灭火中水流形态的应用

水作为灭火剂，是以不同的水流形态出现的，其形态不同，灭火效果也不同。

### 1. 直流水和开花水（滴状水）

直流水和开花水可用于扑救下列物质火灾：

（1）一般固体物质火灾，如木材、纸张、粮草、棉麻、煤炭、橡胶等的火灾；

（2）直流水能够冲击、渗透到可燃物质的内部，故可用来扑救易燃物质的火灾；

（3）闪点在 120℃ 以上，常温下呈半凝固状态的重油火灾；

（4）利用直流水的冲击力量切断或赶走火焰，扑救石油、天然气井喷火灾和压力容器内气体或液体喷射火灾。

### 2. 喷雾水（雾状水）

喷雾水流用于扑救下列火灾：

（1）重油或沸点高于80℃的其他石油产品火灾；

（2）粉尘火灾，纤维物质、谷物堆囤等固体可燃物质火灾；

（3）带电的电气设备火灾，如油浸电力变压器、充有可燃油的高压电容器、油开关、发电机、电动机等的火灾。

### 3. 水蒸气

水蒸气主要适用于容积在500m²以下的密闭厂房，以及空气不流通的地方或燃烧面积不大的火灾，特别适用于扑救高温设备和煤气管道火灾。对于汽油、煤油、柴油和原油等可燃液体，当燃烧区的水蒸气浓度达到35%以上时，燃烧就会停止。利用水蒸气扑救高温设备火灾时，不会引起高温设备的热胀冷缩的应力和变形，因而不会造成高温设备的损坏。

## （三）水灭火的局限

1. 不能用水扑救"遇水燃烧物质"的火灾。

2. 在一般情况下，不能用直流水来扑救可燃粉尘（如面粉、铝粉、糖粉、煤粉、锌粉等）聚集处的火灾。因为沉积粉尘被水流冲击后，悬浮在空气中，容易与空气形成爆炸性混合物。

3. 在没有良好接地设备或没有切断电源的情况下，一般不能用直流水来扑救高压电气设备火灾。在紧急情况下，必须进行带电灭火时，需保持一定的安全距离。在扑救380kV以内的高压电气设备火灾时，应遵守下列规定：水枪距火源的最小允许米数，应等于水枪口径的毫米数。就是说，如果使用16mm口径的水枪，那么水枪距火源的最小允许距离（安全距离）应该是16m。

4. 某些高温生产装置设备着火时，不宜用直流水扑救。

5. 贮存大量浓硫酸、浓硝酸等场所发生火灾时，不能用直流水扑救。

6. 轻于水且不溶于水的可燃液体火灾，不能用直流水扑救。

7. 熔化的铁水、钢水引起的火灾，在铁水或钢水未冷却时，也不能用水扑救。

8. 不宜用直流水扑救橡胶等粉状产品的火灾。由于水不能浸透或者很难浸透该类燃烧介质，因而灭火效率很低，只有在水中添加润湿剂，提高水流的浸透力，才能用水有效地扑灭该类火灾。

## （四）水灭火剂用量计算

火场上影响供水的因素很多。如建筑物的耐火等级、建筑物的用途、建筑物的高度、建筑物的面积和体积、保护对象周围情况、气象条件等。

1. 固体可燃物火灾。灭火用水量也可以由灭火供水强度和火区面积或周长确定。

2. 供水强度。灭火供水强度通常由试验和统计数据确定。

3. 液化石油气储罐的冷却用水量。液化石油气的冷却供水强度按 $0.25L/s \cdot m2$ 考虑，着火罐的冷却面积按储罐全表面积计算，相邻罐的冷却面积按储罐表面积的 1/2 计算。

## 二、供水装备

### （一）吸输水装备

吸输水装备包括吸水管、水带、消防软管卷盘及其附件。

#### 1. 水带

水带是向火场输送灭火剂的重要器材。水带材质由传统的麻制、棉制水带，已发展到全部采用衬里水带。例如，新型涂聚氨酯水带，重量轻、耐压高，逐渐得到广泛应用。

常用水带的规格有：$\phi 65mm \times 20m$、$\phi 80mm \times 20m$、$\phi 90mm \times 20m$。常用水带耐压等级可分为：1.0 MPa、1.3 MPa、1.6 MPa、2.0 MPa、2.5 MPa 和 4.0 MPa。

水带使用时应注意以下事项：水带与接口连接时，应垫上一层柔软的保护物；水带使用时，严禁骤然打折；不要在地上随意拖拉水带；防止火焰和辐射热直接作用，特别注意不要使水带与高温物体接触；注意水带不要沾染油类、酸、碱和其他化学药品，一旦沾染，要及时清洗、晾晒；将质量较好的水带，用在距水泵出水口较近的地方；向高处垂直铺设水带时，要用水带挂钩等固定器材；通过道路铺设水带时，应垫上水带保护桥，通过铁路时，应从轨道下面通过；水带有孔时，要立即用包布包裹；冬季使用时，要防止冻结；水带使用后要及时清洗、晾晒。

#### 2. 吸水管

吸水管是消防车取水的主要器材之一。

（1）分类。吸水管按使用材料，可分为橡胶吸水管，合成树脂吸水管和PVC吸水管；按直径分类，有 $\phi 65$、$\phi 100$、$\phi 125$、$\phi 150$ 四种；按长度分类，有 2m 和 4m 两种；按结构分类，有直管式和盘管式两种。

（2）组成。整个吸水管由吸水管本身、吸水管接口和吸水附属装备组成。吸水管接口是用于连接消防泵与吸水管的装备；吸水管的附属装备主要包括滤水器和滤水筐，其作用是防止水源中的杂物进入吸水管。

（3）使用要求。铺设吸水管时应尽量使管线短些，避免骤然折弯；水泵离水面的垂直距离尽量小些；不要在地面上拖拉吸水管，避免损坏吸水管表面；从露天水源取水时，滤水器距离水面的深度至少为 20 ~ 30cm，以防止在水面出现漩涡而吸进空气；从河流取水时，应顺水流方向投放吸水管；从消防栓取水时，应缓慢开启消防栓，以减少水锤的冲击力，吸水管如出现真空或变扁，说明消防车流量超过消火栓供水量，此时应降低发动机转速，减少水泵流量。此外，吸水量大时可将两根吸水管并列使用，以减少阻力损失；泥水杂物多时要使用滤水笼，以防杂物进入吸水管；吸水管使用后应将内部积水排除干净。

### 3. 分水器和集水器

分水器是从消防车供水管路的干线上分出若干股支线水带的连接器材，本身带有开关，可以节省开启和关闭水流所需时间，及时保证现场供水。集水器主要用于吸水或接力供水，它可以把两股以上水流汇成一股水流。集水器有进水端带单向阀和进水端不带单向阀两种形式。

## （二）射水器具

射水器具主要包括水枪和水炮两类。水枪和水炮的结构形式不同，可以喷出不同的流形。

### 1. 水枪的分类与结构参数

水枪分为直流水枪、喷雾水枪和多用水枪。喷雾水枪有离心旋转式、机械撞击式和簧片式；多用水枪有球阀切换式和导流式。另外，还有脉冲式水枪等喷射器具。

（1）直流水枪，主要用于喷射直流水。其优点是结构简单、射程远、水流冲击力大。但是，由于直流水枪存在着水渍损失大，反作用力大等缺点，已经逐步为喷雾水枪和多用水枪所取代。直流水枪适合扑救一般的固体物质火灾，以及灭火时的辅助冷却等。

（2）喷雾水枪，可以喷射雾状水。其优点是水渍损失小，水枪反作用力小。喷雾水枪适合扑救建筑物室内火灾，还可用于扑救带电设备火灾、可燃粉尘及部分油品火灾。

（3）多功能水枪，可以根据火场情况不同，喷射出不同的流形和流量。根据需要，可以喷射直流水、开花水、喷雾水；可以通过调节雾化角，产生保护水幕。目前，正逐步趋于替代直流水枪。

（4）细水雾水枪，是一种新型水枪，分为脉冲式和常高压式，主要由枪体、水源和压缩空气源组成。脉冲式只能逐次进行射流，而常高压式可以连续射流；两种水枪均可喷射超细水雾。该种水枪适用于扑救小型油品火灾、建筑物室内火灾、汽车交通火灾事故。

### 2. 消防水炮

这是一种大型射水装备，可用于大型火场的灭火救援活动。按水炮结构形式的不同，可分为固定式和移动式。其中，固定水炮一般安装在消防车上或消防重点保护场所，移动水炮可以安放在距离火源较近、人员难以接近的地方使用。按操纵方式的不同，可分为手动操纵炮和远程遥控炮。远程遥控水炮设置了遥控机构，可以远程控制其流量、射流类型和角度等，使用更加灵活。

### （三）消火栓和水泵接合器

**1. 消火栓。**

消火栓是城市消防供水的主要设施之一，分为室外消火栓和室内消火栓两种。

室外消火栓是室外消防给水系统和火场供水系统的重要组成部分，它既可以供消防车取水，又可以连接水带、水枪直接出水灭火。室外消火栓按照其安装形式可以分为地上式和地下式，分别适用于气候温暖的地区和气候寒冷的地区。地上和地下式的消火栓构造基本相同，主要由进水弯座、阀门、阀座、本体、泄水弯头、出水口、帽盖、启闭杆等零件组成。

室内消火栓是工业、民用建筑室内消防供水设备，用来扑救建筑内的初起火灾。通常安装在室内消火栓箱内，与消防水带和水枪等器材配套使用。

**2. 水泵接合器**

水泵接合器是为建筑配套的自备消防设施，用以连接消防车、消防机动泵向建筑物管网输送消防用水和加压，使建筑物内部的室内消火栓和其他灭火装置得到充足的水源补充，以便扑救不同楼层的火灾。消防水泵接合器分为三种形式：地上式、地下式和墙壁式。

# 三、消防泵

消防泵是向火场输送水或其他灭火剂的流体机械。

## （一）消防泵的分类

**1. 按用途及配用对象分类**

可分为消防水泵、消防液泵和引水泵三类：

（1）消防水泵：用于输送水或泡沫混合液的消防泵。

（2）消防液泵：用于输送泡沫液的消防泵。

（3）引水泵：用于消防泵排气引水的辅助泵。

**2. 按安装或使用场所分类**

可分为固定消防泵、车用消防泵和手抬机动消防泵三类：

（1）固定消防泵：固定安装的消防泵。

（2）车用消防泵：消防车上使用的消防泵。

（3）手抬机动消防泵：可由人力移动的消防泵。

**3. 按泵扬程可分为以下六类：**

（1）低压消防泵：额定扬程小于 1.6MPa 的消防泵。

（2）中压消防泵：额定扬程大于或等于 1.6MPa 且小于 2.5MPa 的消防泵。

（3）高压消防泵：额定扬程大于或等于 2.5MPa 的消防泵。

（4）中低压消防泵：额定扬程具有中压和低压的消防泵。

（5）高低压消防泵：额定扬程具有高压和低压的消防泵。

（6）高中低压消防泵：额定扬程具有高压、中压和低压的消防泵。

**4. 功率 W**

泵的功率分为有效功率 Ne，轴功率 N 和配用功率 Ng，单位是 kW 或 HP。

**5. 效率 η**

有效功率与轴功率的比值叫效率。效率是评定一台泵设计、制造优劣的一项指标。

**6. 允许吸上真空度 Hs**

水泵的允许真空度是指在保证水泵正常工作时，其吸入口处允许达到的真空度，它是决定水泵安装高度的一个重要指标。

## （二）低压车载消防泵

单级离心泵主要由叶轮、泵壳、泵盖、泵轴、轴套、密封装置、轴承、轴承座、引水装置和止回阀等零（部）件组成，泵轴的一端在轴承座内用两只轴承支撑，另一端悬出轴承座外，装一只离心式叶轮，因此，又称悬臂式车为单级离心消防泵。单级离心泵结构紧凑，重量轻，效率高，维修方便，但由于该类消防泵单级压力高，使叶轮尺寸增大，导致消防泵体积增加。常用的单级离心泵型号有 BD40、BD42、BD50、BD70。

双级离心泵具有两只叶轮、一个中体（也叫导叶）、泵盖、轴套、密封装置、轴承、轴承座、引水装置和止回阀等零（部）件组成。双级离心泵两只叶轮装在同一根轴上，串联工作。第一级叶轮将水加压后，经过导叶送至第二级叶轮进口，经过第二级叶轮进一步加压，送至消防泵出口。双级离心泵与流量和扬程相同的单级离心泵相比，尺寸较小，工作可靠，效率高，但加工比较复杂。常用的双级离心泵型号有 BS17、BS30、BS60。

## （三）中低压车载消防泵

### 1. 结构特点

中低压消防泵采用双级离心泵串、并联总体结构，通过改变二级叶轮串联和并联工况来实现低压大流量和中压远距离或高层供水，针对不同的使用场所，可采用多点工况、任意调整扬程。特别适用于扑救高层建筑、地下工厂、石化企业等火灾。中低压消防泵主要由下列零（部）件组成：两只离心式叶轮、泵壳、前（中、后）盖、进水活门、换向阀、泵轴、密封装置、引水装置等。

### 2. 工作原理

当泵的转向阀处于串联位置时，第一级叶轮的压力水进入第二级叶轮吸水腔室，经第二级叶轮再次加压后由出水管流出，这时泵处于串联工作状态，活门关闭，隔断第二级叶轮与吸水管的联系。当转向阀处于并联位置时，阀芯使第一级叶轮与出水管直接相通，并隔断第一级叶轮汇流出口与第二级叶轮吸水腔室的联系，此时，活门在负压下打开，两个叶轮互不干涉，并联供水。

## （四）高低压车载消防泵

高低压车载消防泵有两种结构，一种是离心旋涡消防泵，另一种是多级离心消防泵。

### 1. 离心旋涡消防泵

该泵由一单级离心泵和一旋涡泵组成，离心泵轴向进水，径向出水，在其出水口上，设有与旋涡泵相连的连接管。这一离心泵若单独运转，在其额定工况下，流量可达42 L/s，对应扬程为110m，转速为2950pm，基本相当于BD42泵。旋涡泵主要由叶轮、泵壳、进水口、出水口等组成。它与离心泵共用同一个泵轴。旋涡泵的叶轮是离心旋涡泵的增压元件，其周边的两侧都开有若干沟槽，每个沟槽都相当一个叶片。在叶轮转动情况下，每一沟槽中的液体受离心力作用沿沟槽底边向径向甩出，到顶部压力升高后，又沿流道四周向沟槽底部运动，形成液体在泵内的循环。这样，在旋涡泵进水口处，由于流道变宽，卷吸进液体，经过叶轮旋转加压后，在出水因流道截面突缩而压出。由于叶轮周边沟槽很多，使旋涡泵可相当于多级离心叶轮的增压作用。一般来说，一只旋涡泵叶轮增加的压力可达3~4MPa。

### 2. 多级离心消防泵

该泵由安装在同一泵轴上的多级离心叶轮串联组成。例如，NH40泵由四级离心式叶轮串联组成，前一级叶轮为低压叶轮，后三级叶轮为高压叶轮。其低压出口另引出一接管与高压叶轮入口相连，中间由阀门控制，低压与高压可以同时喷射，也可分别单独喷射。其高压扬程可达4.0MPa，流量400 L/min；低压扬程1.0MPa，流量4000 L/min。

## （五）非车载消防泵

非车载消防泵主要介绍一些非车载式的引水消防泵。常用的引水泵按原理分主要有：水环泵、刮片泵、喷射泵、活塞泵等，这些消防泵虽然原理不同但主要功能是相同的。公安消防部队经常使用的小型消防泵主要有以下几种：

**1. 手抬机动消防泵**

手抬机动消防泵（简称手抬泵），是指与轻型发动机组装为一体、可由人力移动的消防泵。作为独立的供水单位，手抬泵适用性广、机动性强，有时能发挥消防车不能替代的作用。

**2. 浮艇泵**

浮艇泵主要是利用机座的浮力，使安装在机座上的自吸式水泵漂浮在水面上，由发动机带动进行供水。

组成及性能：由高强度聚酯材料充填的漂浮底座、发动机、离心式水泵以及出水、吸水口组成。其主要性能：4 冲程，空冷，单缸，拉绳启动；油箱 2.8L，出水、吸水口径 65mm，重量 45kg，扬程 30m，流量 1174L/min，水源深度 75mm 以上，外形尺寸 760mm × 760mm × 560mm，转速 3600rpm，功率 6kW。

维护方法：定期检查发动机机油，禁止反倒在水里。

# 四、水罐消防车

水罐消防车主要以水作为灭火剂进行火灾扑救，它适宜用来扑救房屋建筑及一般固体物质火灾；如与泡沫枪、泡沫炮等泡沫灭火设备联用，可扑灭液体火灾；当采用高压喷雾射水时，还可扑救电气设备等火灾；多功能水罐消防车，可以进行照明、破拆等工作。此外，水罐消防车还可用于运水、供水及运送兵员等任务。

## （一）水罐消防车的结构

水罐消防车主要采用中型或重型汽车底盘改装而成，除保持原车底盘性能外，车上装备了消防水罐、水泵、引水系统、取力系统、消防水枪或消防水炮及其他消防器材。

**1. 乘员室**

驾驶员室及消防员室连在一起构成乘员室。大多数水罐消防车乘员室是由原车驾驶室和在其基础上接长的消防员室构成，这种乘员室内设有前后两排座位，包括驾驶员可乘 8 人。消防员室后部两侧有水泵进、出水接口和出水操纵球阀手柄。消防员室两侧下部脚踏板上安放有吸水管。在驾驶员坐垫右侧、水泵传动轴左侧的中间部位设有水环泵引水操纵手柄和后进水操作手柄。排气引水操作手柄设在副驾驶座位前方的底板上。

**2. 车厢**

车厢由水罐和器材箱组成。前部为水罐，后部为器材箱，用于储水及安装消防器材。水罐消防车根据载水量大小，还可分为轻型水罐消防车、中型水罐消防车和重型水罐消防车。目前，重型水罐消防车的载水量已达到 18t 以上。水罐顶部开有人孔口、溢水口，装有扶手和吊装用圆环等。人孔口有盖密封，溢水口安置在水罐顶中部，使水罐保持与大气相通，确保向水泵供水流畅。水罐底部有积存口，用于排出污物，平时由球阀封闭。在积存前方的前封罐壁上，有进水口和出水口，进水口与水泵注水管路连接，由水泵向水罐注水；出水口与水泵进水管路连接，由水罐向水泵供水。另外，在水罐后封罐壁上，装有浮球式液位指示器。器材箱套装于水罐的后部，放置各种消防器材。后端有大开门，开启后由支脚支撑。器材箱后围上装有后照明灯。

### 3. 水泵及管路系统

该系统主要由水泵及水泵管路系统、传动及操纵装置、取力器和引水装置组成。

（1）水泵。水泵是水罐消防车的核心部分。根据装备的水泵种类不同，水罐消防车可以分为普通水罐消防车、中低压泵水罐消防车、高低压泵水罐消防车和高中低压泵水罐消防车。普通水罐消防车，采用单级或双级离心消防泵，扬程可达到 1.0 ~ 1.4MPa 左右，流量一般在 30 ~ 60 L/s 之间。中低压水罐消防车装备的是中低压水泵，可实现低压大流量和高层或远距离供水，是未来消防队的主战车辆。高中低压消防泵可以进行低压、中压、高压喷射灭火，也可以低压、高压联用，中压时可以进行远距离供水或向高层建筑供水或与举高车配合灭火。

（2）水泵管路系统。其主要由进水管路和出水管路两大部分组成。带水炮的水罐消防车水泵管路系统和不带水炮的水罐消防车的水泵管路系统大致相同，只是在不带水炮水罐消防车的管路基础上，增加了一条出水管路和水炮。进水管路：水罐消防车的进水管路均由侧进水管路和后进水管路组成。其中，后进水管路是水罐向水泵供水的管路，而侧进水管路则是天然水源或消防水源向水泵供水的通道。出水管：水罐消防车的出水管路由侧出水管路、后注水管路和上出水管路等组成。其中，侧出水管路是水泵压力出水的主要通道，它由左右出水管、止回阀、出水球阀、管牙接口和盖等组成；后注水管路主要用于水泵向水罐内注水或清洗水罐，它由注水弯管和注水球阀等组成。

（3）引水装置。引水装置的功能是抽吸泵及管道内的空气，并将其排入大气中，使泵及管路内达到一定的真空度，从而将水引入离心泵内。水罐消防车的引水装置除类似泵浦消防车安装的排气引水装置外，还有水环引水装置等。

（4）取力器。取力器的功能是驱动水泵运转。发动机的动力通过取力器、传动轴传给水泵轴，从而驱动水泵运转。

（5）传动及操纵装置。水泵传动及操纵装置主要由取力器、操纵手柄、水泵传动轴等组成。

### 4. 附加装置

该装置主要包括发动机供油、冷却、废气利用及电气装置。

### （二）水罐消防车的操作使用

#### 1. 利用天然水源供水

消防车到达火场后，应根据火场情况，尽可能地靠近水源适当地点，接好吸水管、滤水器并放入水中。安装吸水管应认真检查密封垫圈是否完好齐全，并拧紧接头防止漏气。吸水管放入水中深度应不少于 30cm，以防吸入空气，但水管不能触及水底以免吸入泥沙杂物，堵塞管路。然后，接好水带、水枪，进行引水操作。

（1）用水环泵引水。除真空表、压力表旋塞打开外，检查关闭各阀门、旋塞、打盖，并检查储水箱是否加满水，冬季应加防冻液。启动发动机，将变速器操纵杆放入空挡，取力器操纵手柄向后拉，使水泵低速运转，并注意泵的运转情况是否正常。将水环引水手柄前推（也可能向后拉），使水环泵工作。增大油门加速水泵运转，同时注意观察水泵真空表和压力表，当真空表达到一定数值、水泵压力达到 0.2MPa 时，将水泵水环引水手柄恢复原位，停止水环泵工作。打开出水阀，即可供水。根据需要来操纵油门，调节水泵压力。

（2）用排气引水器引水。关闭各球阀（真空表、压力表除外）。启动发动机，将变速器操纵杆放入空挡。将排气引水手柄向后拉，使排气引水器工作，逐渐加大油门，提高发动机转速。当真空表指示一定的真空值，指针左右摆动不再上升时（说明泵内已进水），拉动取力器操纵杆，挂上泵挡，使水泵工作。同时，迅速将排气引水手柄复位，停止排气引水器工作。当水压升至 0.2MPa 时，即可打开出水球阀向火场供水，并按需要操纵油门调节水压。

#### 2. 利用消火栓供水

利用消火栓供水时按以下步骤操作：

（1）取出吸水管、地上（或地下）消火栓扳手，将吸水管一端与水泵进水口连接，另一端与消火栓连接；

（2）按需要取出水带、水枪等，将其与水泵出水口连接好；

（3）除压力表旋塞打开外，检查各阀门、旋塞（特别是真空表）是否关闭；

（4）启动发动机，接合取力器，使水泵低速运转；

（5）打开消火栓和侧出水管球阀即可供水，并按需要通过油门调整水压。

#### 3. 利用水罐供水

用水罐供水除按消火栓供水中的（2）～（4）项操作外，还须进行以下操作：

（1）打开后进水阀门，使水罐水流入水泵；

（2）打开出水管球阀，操纵油门使水泵增压，即能供水满足灭火需要。

#### 4. 喷射空气泡沫

喷射空气泡沫时按以下步骤操作：

（1）取出水带、空气泡沫枪及其吸液管，将水带与水泵出水管连接好，吸液管插入空气泡沫液桶内，将泡沫枪启闭手柄扳至吸液位置；

（2）按水泵使用方法供水，控制好水泵压力，以满足空气泡沫枪标定的进口压力，空气泡沫即从枪口喷出；

（3）灭火后应清洗空气泡沫枪及吸液管。

# 第三节　泡沫灭火救援技术装备及其应用

## 一、泡沫灭火剂

### （一）灭火原理

灭火泡沫是一种体积较小，表面被液体包围的气泡群，比重在 0.001~0.5 之间。由于泡沫的比重远远小于一般可燃液体的比重，因而可以漂浮于液体的表面，形成一个泡沫覆盖层。同时，泡沫又具有一定的黏性，可以黏附于一般可燃固体的表面。

泡沫灭火剂的主要灭火作用是：

1. 灭火泡沫在燃烧物表面形成的泡沫覆盖层，可使燃烧物表面与空气隔离；

2. 泡沫层封闭了燃烧物表面，可以遮断火焰对燃烧物的热辐射，阻止燃烧物的蒸发或热解挥发，使可燃气体难以进入燃烧区；

3. 泡沫析出的液体对燃烧表面有冷却作用；

4. 泡沫受热蒸发产生的水蒸气有稀释燃烧区氧气浓度的作用。

### （二）泡沫灭火剂的分类

#### 1. 按混合比分类

按照泡沫液与水混合的比例，泡沫灭火剂可分为 1.5% 型、3% 型、6% 型等。

#### 2. 按发泡倍数分类

泡沫灭火剂按其发泡倍数可分为低倍数泡沫、中倍数泡沫和高倍数泡沫三类。其中，低倍数泡沫灭火剂的发泡倍数一般在 20 倍以下，中倍数泡沫灭火剂发泡倍数在 20~200 倍之间，高倍数泡沫灭火剂的发泡倍数一般在 200 ～ 1000 倍之间。

#### 3. 按使用场所和特点分类

泡沫灭火剂按其使用场所和特点可分为压缩空气泡沫灭火剂和 B 类泡沫灭火剂。B 类泡沫灭火剂又可分为非水溶性泡沫灭火剂（如蛋白泡沫灭火剂、氟蛋白泡沫灭火剂、"轻水"泡沫灭火剂）和抗溶性泡沫灭火剂（凝胶型抗溶泡沫灭火剂）。

## （三）泡沫灭火剂的性能指标

泡沫灭火剂及其产生的灭火泡沫，有下述一些性能指标，这些指标从不同的角度评价了灭火剂的优劣和灭火性能。

1. 抗冻结、融化性能，是衡量泡沫液稳定性的一个参数。抗冻结、融化性能好，则泡沫液无分层、非均相和无沉淀现象。

2. pH 值，是衡量泡沫液中氢离子浓度的一个指标。泡沫液的 pH 值一般在 6 ~ 9 之间。

3. 沉淀物，指除去沉降物的泡沫液与水按规定的比例制成混合液时，所产生的不溶固体的含量。

4. 流动性，是衡量泡沫液流动状态的性能参数。

5. 扩散系数，是衡量泡沫液在另一种液体表面上扩散能力的参数。

6. 发泡倍数，泡沫液按规定的混合比与水混合制成混合液，则混合液产生的泡沫体积与混合液体积的比值称发泡倍数。高倍数泡沫的发泡倍数一般在 200 ~ 100 之间。

7. 25% 析液时间和 50% 析液时间，是衡量泡沫稳定性的一个指标。25% 析液时间是指从开始生成泡沫，到泡沫中析出 1/4 质量的液体所需的时间。同理，到泡沫中析出 1/2 质量液体所需的时间则为 50% 析液时间。

8. 灭火时间，是指从喷射泡沫开始，至火焰全部熄灭的时间。灭火时间，要用规定的燃料、燃烧面积和混合液供给强度来测量。

## （四）常用泡沫灭火剂

### 1. 蛋白泡沫灭火剂（P）

蛋白泡沫灭火剂分动物蛋白和植物蛋白两种，它的主要成分是水和水解蛋白。蛋白泡沫液中还含有一定量的无机盐，如氯化钠、硫酸亚铁等。蛋白泡沫灭火剂属空气泡沫灭火剂，平时储存在包装桶或储罐内，灭火时通过比例混合器与压力水流按 6 ：94 或 3 ：97（体积）的比例混合，形成混合液。混合液在流经泡沫管枪或泡沫产生器时吸入空气，并经机械搅拌后产生泡沫，喷射到燃烧区实施灭火。

蛋白泡沫的主要优点是稳定性好（25% 的析液时间长）。它的缺点是：流动性较差，灭火速度较慢；抵抗油类污染的能力低，不能以液下喷射的方式扑救油罐火灾；不能与干粉灭火剂联合使用（其泡沫与干粉接触时，很快就被破坏）。

### 2. 氟蛋白泡沫灭火剂（FP）

在蛋白泡沫灭火剂中加入适量的"6201"预制液，即可成为氟蛋白泡沫灭火剂。"6201"预制液，又称FCS溶液，是由"6201"氟碳表面活性剂、异丙醇和水按 3 ：3 ：4

的质量比配制而成的水溶液。氟蛋白泡沫灭火剂与蛋白泡沫灭火剂相比具有以下优点：表面张力和界面张力显著降低；泡沫的流动性能好，灭火速度快；氟蛋白泡沫抵抗油类污染的能力强，可以使用液下喷射的方式扑救大型油罐火灾；可与干粉灭火剂联用。

### 3. 水成膜泡沫灭火剂（AFFF）

水成膜泡沫灭火剂又称"轻水"泡沫灭火剂，主要成分是氟碳表面活性剂和碳氢表面活性剂。"轻水"泡沫灭火剂中还含有 0.1% ~ 0.5% 的聚氧化乙烯，用以改善泡沫的抗复燃能力和自封能力。

（1）水成膜泡沫灭火剂的灭火作用。"轻水"泡沫灭火剂在扑救油品火灾时的灭火作用，是依靠泡沫和水膜的双重作用，其中泡沫起主导作用。

泡沫的灭火作用：由于氟碳表面活性剂和其他添加剂的作用，"轻水"泡沫具有很低的临界剪切应力，因而具有非常好的流动性。当把"轻水"泡沫喷射到油面上时，泡沫迅速在油面上展开，并结合水膜的作用把火扑灭。

水膜的灭火作用：由于氟碳表面活性剂和碳氢表面活性剂联合作用的结果，"轻水"泡沫灭火剂能在油面形成一层很薄的水膜。漂浮于油面上的这层水膜可使燃油与空气隔绝，阻止燃油的蒸发，并有助于泡沫的流动，加速灭火。

（2）水成膜泡沫灭火剂的优点。水成膜泡沫具有极好的流动性。它在油面上堆积的厚度为蛋白泡沫的 1/3 时，就能迅速扩散，再加上水膜的作用，能迅速扑灭火焰。"轻水"泡沫可与各种干粉联用；亦可采用液下喷射的方式扑救油罐火灾。

（3）水成膜泡沫灭火剂的缺点。25% 的析液时间很短，仅为蛋白泡沫或氟蛋白泡沫的 1/2 左右，因而泡沫不够稳定，容易消失。抗烧时间短，仅比蛋白泡沫或氟蛋白泡沫的 40% 多一点，因而对油面的封闭时间短，防止复燃和隔离热液面的性能较差。

### 4. 抗溶性泡沫灭火剂（AR）

其成分主要为水溶性可燃液体，如醇、酯、醚、醛、酮、有机酸和胺等，由于它们的分子极性较强，能大量吸收泡沫中的水分，使泡沫很快被破坏而起不到灭火作用，所以不能用蛋白泡沫、氟蛋白泡沫和"轻水"泡沫来扑救此类液体火灾，而必须用抗溶性泡沫来扑救。

### 5. 高倍数泡沫灭火剂

以合成表面活性剂为基料，发泡倍数达数百乃至上千的泡沫灭火剂称为高倍数泡沫灭火剂。高倍数泡沫的特点如下：

（1）气泡直径大，一般在 10mm 以上；

（2）发泡倍数高，可高达 1000 倍以上；

（3）发泡量大，大型高倍数泡沫产生器可在 1min 内产生 1000m 以上的泡沫。

由于这些特点，高倍数泡沫可以迅速充满着火的空间，使燃烧物与空气隔绝，导致火焰窒息。尽管高倍数泡沫的热稳定性较差，泡沫易被火焰破坏，但因大量泡沫不断补充，破坏作用微乎其微，仍可迅速覆盖可燃物，扑灭火灾。因此，其具有灭火强度大、速度快；水渍损失少，容易恢复工作；产品成本低；无毒，无腐蚀性等优点。

**6. 压缩空气泡沫液**

压缩空气泡沫液是一种独特配制的新型泡沫灭火剂，具有无可比拟的灭火适应性，它改进了水的渗透性能，降低了水的表面张力，能使水渗透到一般可燃物质的内部深处而不至于在物质的表面被流淌掉。因此，压缩空气泡沫液能够有效扑灭可燃物质深部位的火灾，既能迅速灭火又能节约消防用水，还能发挥水在火场中吸热的效能以防复燃。压缩空气泡沫液的发泡组分能够增加水的粘稠度并长时间黏附在可燃物的表面，形成一层防辐射热的保护层以防止着火。

压缩空气泡沫液具有以下特点：增进水的渗透能力；泡沫预混液的性能稳定；环保型的配方；乳化 B 类烃类燃料；安全使用于各种压缩空气泡沫灭火系统；压缩空气泡沫液是超浓缩液，可以低配比浓度与清水、盐碱水或海水混合使用，故该泡沫液既方便而又经济有效。

## （五）泡沫灭火剂的应用

蛋白泡沫、氟蛋白泡沫和"轻水"泡沫灭火剂，适用于扑救非水溶性可燃液体火灾，不适用于电气设备火灾、金属火灾以及遇水可能发生燃烧爆炸的物质的火灾。

蛋白泡沫和氟蛋白泡沫被广泛应用于扑救可燃液体的大型储罐、散装仓库、输送中转装置、生产加工装置、油码头的火灾以及飞机火灾。特别是氟蛋白泡沫，由于流动性比蛋白泡沫好，可以采用液下喷射的方式扑救大型石油储罐的火灾，并在扑救大面积油类火灾中可与干粉灭火剂联用。

抗溶性泡沫主要应用于扑救乙醇、甲醇、丙酮、醋酸乙酯等一般水溶性可燃液体的火灾；不宜用于扑救低沸点的醛、醚以及有机酸、胺类等液体的火灾。它虽然也可以扑救一般油类火灾和固体火灾，但因价格较贵，一般不予采用。

高倍数泡沫主要适用于扑救非水溶性可燃液体火灾和一般固体物质火灾。特别适用于汽车库、可燃液体机房、洞室油库、飞机库、船舶舱室、地下建筑、煤矿坑道等有限空间的火灾，也适用于扑救油池火灾和可燃液体泄漏造成流散液体火灾。

高倍数泡沫由于比重小，流动性较好，在产生泡沫的气流作用下，通过适当的管道可以被输送到一定的高度或较远的地方去灭火。采用高倍数泡沫灭火时，要注意进入高倍数泡沫产生器的气体不得含有燃烧产物和酸性气体，否则泡沫容易被破坏。压缩空气泡沫适用于 A 类火灾，如建筑物、纺织物、灌丛和草场、垃圾埋填场、轮胎、谷仓、纸张、车辆内装、地铁、隧道等区域。

F-500 可扑灭 A 类、B 类、C 类、D 类火灾。

## 二、供泡沫器具

供泡沫器具分为泡沫比例混合器、泡沫产生器和泡沫喷射器具。所有泡沫器具都是利用喷射泵的工作原理，压力液流通过小孔喷射，产生负压，吸取泡沫液或空气，以达到比例混合或产生泡沫的目的。

泡沫比例混合器是用于将水与泡沫液按一定比例混合的装备。按其吸液压力不同可分为负压式和压力式泡沫比例混合器。其中，负压式泡沫比例混合器的两种常见形式是环泵式和管线式。我国泡沫消防车上常用的是环泵式泡沫比例混合器，进口泡沫消防车多采用自动泡沫比例混合器。管线式泡沫比例混合器主要与高、中倍数泡沫产生器配用。压力式泡沫比例混合器有储罐式与压力输送式两种，主要用于固定泡沫灭火系统。自动泡沫比例混合器不受水泵压力、流量的影响，混合比例精确，操作简单。

## 三、泡沫消防车

泡沫消防车主要以泡沫和水作为灭火剂进行火灾扑救，主要用于扑救易燃、可燃液体火灾，也可用来扑救一般固体物质火灾，以及用于水罐消防车的所有适用范围。

### （一）泡沫消防车的结构原理

泡沫消防车上装备了较大容量的水罐、泡沫液罐、水泵、引水系统、取力系统、水枪及成套泡沫设备和其他消防器材等。泡沫消防车是在水罐消防车的基础上增加了一套泡沫灭火系统，如泡沫液罐、空气泡沫比例混合装置，以及泡沫喷射装备等。泡沫比例混合装置在用泡沫灭火时使用，使水和泡沫液按规定的比例混合，并由水泵将混合液送至泡沫发生装置。泡沫比例混合装置主要由泡沫比例混合器、压力水管路、泡沫液进出管路及球阀等组成。泡沫消防车的泡沫比例混合系统多采用环泵式。消防车配备的泡沫喷射装备有泡沫枪和泡沫炮，进口消防车还配备了中倍数泡沫产生器。泡沫消防车一般都配备空气泡沫—水两用炮，既可喷射水，又可喷射泡沫灭火。PP24型空气泡沫—水两用炮主要由炮筒、多孔板、吸气室、导流片、喷嘴、俯仰手轮及回转手轮等组成。PP48型空气泡沫—水两用炮结构与其相似，它可回转360°，俯仰70°（最有利的射角为30°~50°），喷射泡沫射程可达65m以上，喷射水射程可达70m以上。进口车的泡沫炮均实现了遥控操作或自动控制。

### （二）泡沫消防车的操作使用

#### 1. 加注泡沫液

向泡沫消防车的泡沫液罐加注泡沫液有两种方法：一是从入口直接加入；二是用

原车的压缩空气，将泡沫液桶的泡沫液压入。第二种方法的操作步骤如下：

（1）将吸液管、充气接嘴、轮胎打气用的软管及接头接好。

（2）启动发动机，使消防车储气筒内的压缩空气有足够的压力。

（3）先关闭空气泡沫比例混合器，打开通向泡沫液罐的进液阀。然后，将打气软管接头与充气接嘴接合，使压缩空气进入泡沫液桶。于是，泡沫液在压缩空气的作用下进入泡沫液罐。

（4）当桶内的泡沫液被压送完时，必须立即关闭储气筒的放气阀和泡沫液罐的进液阀，以防大量空气充入泡沫液。

**2. 使用泡沫灭火，主要有以下三种方式：**

（1）内吸泡沫液产生泡沫。内吸泡沫液是指空气泡沫比例混合器从消防车泡沫液罐内吸取泡沫液。内吸泡沫液产生泡沫，其方法步骤为：将水带一端接入出水口，一端接空气泡沫枪；将空气泡沫枪启闭手柄放在"混合液"或"水"的位置上；启动水泵供水；打开通向空气泡沫比例混合器的压力水旋塞；加大油门，调整离心泵出水压力，使之达到空气泡沫枪标定的压力值；旋转空气泡沫比例混合器上的阀芯，将指针指在空气泡沫枪标定的泡沫液定量孔位置上；打开泡沫液进液阀，空气泡沫比例混合器便连续不断地定量吸入泡沫液。

（2）外吸泡沫液产生泡沫。外吸泡沫液，是指空气泡沫比例混合器从车外的泡沫液桶内吸取泡沫液。外吸泡沫液产生泡沫的具体方法为：关闭泡沫液进液阀，打开三通管的螺盖，接上外吸液管并将其插入泡沫液桶内；打开充气接嘴，使泡沫液桶内与大气相通；而后，再按内吸液的方法步骤进行。

（3）自吸泡沫液产生泡沫。自吸泡沫液，是指空气泡沫枪通过吸液管直接从泡沫液桶内吸取泡沫液。自吸泡沫液产生泡沫的具体方法为：将水带一端接入水泵出水口，一端接空气泡沫枪。将吸液管一端接空气泡沫枪吸液口，另一端插入泡沫液桶内；打开泡沫液桶上的充气接嘴，使泡沫液桶内与大气相通；将空气泡沫枪的启闭手柄放在"吸液"位置上；而后，再按内吸液的方法进行。

无论采用上述三种方法中的任何一种方法产生泡沫灭火，灭火后都应清洗泵、空气泡沫比例混合器、空气泡沫枪及管路。

# 第四节　应急救援技术装备及其应用

## 一、应急救援消防车及应用

### （一）举高类消防车

通常把云梯消防车、登高平台消防车和举高喷射消防车总称为举高消防车。举高消防车常用于高层建筑、高大的石油化工装置区、大型仓库等火灾的扑救，它可为火场喷射灭火剂、为消防队员提供灭火通道、供应消防器材和工具，也可用于抢救火场受困人员、抢救贵重物资等。具体来说，云梯消防车主要用于高层救人；登高平台消防车既可以用于火灾扑救，亦可救人；举高喷射消防车由于没有工作斗，只能用于灭火。

#### 1. 举升系统

举升系统由液压装置与工作臂组成。工作臂可分为曲臂、伸缩臂和组合臂三种形式。一般来说，工作高度较低的举高消防车，多采用单独形式的曲臂或伸缩臂，而工作高度较高时，则多采用组合臂形式。目前，单纯伸缩臂式的直臂云梯车最大额定高度可达 53m，单纯曲臂举高车额定工作高度可达 30 m；而组合臂式举高车最大高度已突破了 100m。

云梯车是以伸缩云梯为工作臂。登高平台车的工作臂分曲臂和组合臂两种，曲臂登高平台车的工作臂由上臂、中臂和下臂组成，工作高度一般较低；组合臂登高平台车由可伸缩的下臂和小臂组成，大大提高了工作高度和机动性。高喷车一般采用曲臂举升系统。

#### 2. 变幅机构

变幅机构由安装在回转台上的支架（三脚架）、托架及变幅油缸组成，可使梯架绕支架的通轴作变幅运动。支架也称三脚架，安装在回转台上，是举升梯架、俯仰旋转梯架的支承件，变幅油缸、回转机构及伸梯机构等都安装在它的里面。

#### 3. 支撑机构

支撑机构由一组液压油缸组成，根据支腿形式不同，可分为 H 型支撑和 X 型支撑。X 型支撑结构简单，占地面积小，比较灵活，但支撑力小，一般用于工作高度较低的举高消防车。

**4.回转机构**

回转机构的功能是驱动回转台正、反向360°旋转。它由马达、减速器、小齿轮等组成，减速器箱体固定在回转台上。油马达接通油路后高速旋转，经回转减速器减速后扭矩增大。在回转减速器小齿轮自转的同时，也绕固定的支承内齿圈作周向公转，从而带动减速箱、回转台绕回转中心回转。

**5.工作斗和升降斗**

工作斗指可搭挂在举高消防车端部供消防队员使用的斗型工作台，工作斗内一般限乘两人。为方便使用，斗内设有电气操纵手柄，可使消防员根据情况对云梯进行回转、变幅、伸缩等操作。斗内还设有无线电对讲设备，以加强与地面的联系。另外，还设有照明灯、自动水幕喷头等。升降斗指安装于云梯车上，借助梯架扶手作导轨，能上下滑动并可载人的金属框架。升降斗主要用于抢救被困人员。在云梯车上，工作斗和升降斗一般只选一种安装。

**6.安全装置**

举高车是登高载人车，面对火场危险复杂的局面，使用人员大多在心情紧张的情况下操作。因此，对云梯车的安全性能要求很高，除对操作人员必须进行专门训练外，车辆本身应设置有安全保险机构，以免误操作造成车毁人亡的严重事故。常用的安全措施有顺序控制机构、软腿报警机构、松绳报警机构、自动断油机构以及红外探测机构。

**7.水路系统**

一般来说，举高消防车都安装有水路系统，有的自带消防泵，也有的利用外接水源，在工作斗安装水炮、水带接口及自保系统。

## （二）专勤类消防车

专勤类消防车包括抢险救援消防车、排烟消防车、照明消防车、化学事故抢险救援消防车、通信指挥消防车。

**1.排烟消防车**

排烟消防车的形式主要有两种，一种配备了机械排烟系统，如LIS5090TXFPY6型；另一种既配备了机械排烟系统，又配备了高倍数泡沫发生系统，使之更加机动灵活，如LIS50907TXFPC2型。

排烟消防车是配备了机械排烟系统或高倍数发泡系统的专勤消防车，具有排烟和灭火两种功能。其主要用于地下建筑、高层建筑及隧道等场所火灾扑救和排烟。

（1）乘员室。乘员室可乘坐3人。除正常的驾驶操纵系统外，在副驾驶位置增设了排烟系统、高倍数泡沫系统及发电照明系统的操纵手柄。

（2）排烟系统。排烟系统主要由离心风机、排烟管和传动系统组成。离心风机。

这种离心风机主要由机壳和叶轮组成。离心风机的工作原理：当风机叶轮旋转时，叶轮间的气体也随叶轮旋转而获得离心力，并使气体从叶片之间的开口甩出；被甩出的气体挤入机壳，于是机壳内的气体压力增高，最后被导向出口排出；气体被甩出后，叶轮中心部分的压力降低，外界气体就能从风机的吸入口通过叶轮前盘中央的孔口吸入，源源不断地输送气体，实行负压抽烟或正压送风排烟。

排烟管。排烟管用涂胶帆布制成，内有钢筋圈支撑，使之既可以折叠收存，又能在负压下保持不被吸附。根据一般建筑物门的宽度（800mm）以及排烟车进、出风口的尺寸，排烟管直径一般为700mm，随车配备3～5节，每节10m长。平时折叠成小于1m的长度，放置于车厢内。

（3）高倍数泡沫系统。该系统主要由高倍数泡沫发生器、水泵、比例混合器、吸液管、送风筒、水罐、泡沫液罐及其附件组成。

高倍数泡沫发生器。LIS5090TXFPC2型排烟消防车装备的高倍数泡沫发生器为水轮机式。

水泵。该车水泵采用D12-25×4型多级离心泵，其额定转速为2950r/min，流量为3.47L/s，单级扬程为25m，总扬程为100m。

泡沫比例混合器。泡沫比例混合器采用PH32环泵式，其混合液最大流量分别为32L/s（采用6%型泡沫液）和64L/s（采用3%型泡沫液）。

水罐和泡沫液罐。水罐与泡沫液罐安装于车厢内，其容积均为1000L。

（4）发电照明系统。这种排烟车均配有发电照明系统，以便在有烟雾的场所或夜间灭火作业。发电机型号为AV3800，其额定功率为28kW，最大输出功率为32kW，交流发电电压为220V/27A，发电频率为50Hz。直流电压为12V/10A，驱动方式为直联，冷却方式为风冷。照明采用3只400W的移动灯具。

（5）车厢。LIS5090TXPG2型排烟车车厢内由钢板焊制，两侧和后部共设五个铝合金滚动式弹性卷帘门，车厢内放置高倍数泡沫发生系统、排烟系统、发电照明系统及水罐、泡沫液罐等辅助装备。

LS5090TXPY6型排烟车车厢两侧和后部共设七个铝合金滚动式弹性卷帘门，车厢内除放置排烟系统、发电照明系统外，还可放置登高装备、破拆装备和空气呼吸器等。

（6）操作使用方法。排烟系统的使用方法：使用本车进行排烟应遵循空气形成对流的原则，在火场上要设法找到至少一个进风口和一个出风口；离心风机可单独使用，既可进行正压送风，又可进行负压吸烟；采用负压吸烟时，吸烟管两端必须固定好；需要从火场向外排放有毒气体时，除将加固吸风管通入建筑外，还应将无骨架导风管接于出风口，以便毒气排到较远的地方。

**2. 通信指挥消防车**

通信指挥消防车采用的是当前较为先进、成熟的方案与技术，采用了可靠性高的电子通信设备、辅助保障设备及软件工具，可以作为移动式应急事故处置现场指挥部，具有多手段综合通信保障体系。该车整个车体由驾驶室、指挥室、设备存放室、设备控制面等四大部分组成。各大部分主要包括卫星通信系统、数字无线图像传输设备、短波通信设备、广播照明设备、计算机监控系统、会议系统、承重系统、防雷系统、警示设备、车载电源设备、车载 GPS 与 BDS 定位系统等组成，可实现现场综合监控、应急通信、现场指挥等功能，实现各级指挥中心与现场及现场指挥部之间双向的图像传输、语音通信、数据交换等功能，能够充分发挥前沿指挥部的现场指挥决策权，为灭火救援现场后方大指挥系统提供高效、科学的辅助决策。

**3. 化学事故抢险救援消防车**

该车主要装备侦检器材、防化防毒服装、堵漏器材、转输设备、洗消设备等，可以用于化学事故、生化袭击及核泄漏事故现场的侦检、防护、处置、堵漏、救生、洗消等工作。

**4. 抢险救援消防车**

该车主要配备救生器材、生命探测器材、破拆器材、登高器材、消防员防护装备、排烟设备、照明设备等。其主要用于处置火灾及建筑倒塌事故、交通事故、地震灾害、山体滑坡、泥石流等场所的救援、救生工作。

战勤保障类消防车主要包括供气消防车、器材消防车、供液消防车、供水消防车、自装卸式消防车（含器材保障、生活保障、供液集装箱）、装备抢修车、饮食保障车、加油车、运兵车、宿营车、卫勤保障车、发电车和淋浴车等。

# 二、通风排烟器材及应用

发生火灾时，由于现场充满浓烟或有毒气体，人和车辆难以接近或进入，致使消防活动难以展开，这时可使用排烟消防车排烟，帮助消防队员进入现场，进行侦查、抢救、疏散和灭火等工作。

**1. 水驱动排烟机**

水驱动排烟机可把新鲜空气吹进建筑物内，排除火场烟雾，适用于有进风口和出风口的火场。

水驱动排烟机使用后，要清除进水口及护罩上的污垢，开启轮机底部的排水阀排水，关闭控制阀。同时，经常检查叶片、护罩、螺栓、风扇覆环有否破裂，若有破损及时更换。

**2. 机动排烟机**

机动排烟机主要用于对火场内部浓烟区域进行排烟送风。其动力为内燃机，排烟量 $3600m^3/h$，功率 $1.9kW$，最高使用温度 $80℃$；燃油型号汽油 90#、机油 30#；维护时应保持机体清洁，对紧固件，经常进行检查，确保安全。

YIJ4 型和 YZD4 型排烟机具有体积小、重量轻、排烟量大、操作方便和机动灵活等特点。YZD4 排烟机可与发电机组和照明车配套使用。YLJ4 型排烟机自带动力，不受火灾时切断电源的影响。两种排烟机均配有送风管和排烟管等附件，能在很短时间内将能见度提高到 5m 以上，为消防救援创造有利条件。

# 三、个人防护装备及其应用

消防队员在灭火救援战斗中，往往处于烟雾、毒气、酸碱、高温，甚至放射性物质的包围之中，消防队员的个人防护装备，从某种意义上讲，是灭火救援成败的关键。消防员个人防护装备包括呼吸保护装备和防护服装。

## （一）呼吸保护装备

### 1. 正压式空气呼吸器

正压式空气呼吸器是一种自给开放式呼吸保护装备，面罩内始终保持正压，广泛适用于消防、化工、船舶、矿山等部门，可供消防队员或抢险救护人员在有浓烟、毒气或缺氧的各种环境下，安全有效地进行灭火、火情侦察、抢险和救护等工作。

### 2. 移动供气源

即气瓶推车，是一套完整的自给式正压空气呼吸器装置。当需要长时间使用空气呼吸器或在无法使用个人携带式空气呼吸器的狭小空间作业时，可使用移动式供气源供气。工作时，移动式供气源应置于污染区之外，并由一根供气管向使用者供气。

组成及性能：可装载 4 个气瓶的运载车，车上装备一个 30m 中压管线轮和一个装具箱；两具正压呼吸面罩（红色）；两套配备快速需求阀的便携呼吸管线系统；Y 型接口（当供两人同时使用供气源时使用）；两根带快速接口的中压延伸管；呼吸器可单人使用，也可两人同时使用；4 个气瓶与同一个减压阀连接，允许每次更换 2 个空瓶而不中断供气；配置 4 个 6L/20MPa 气瓶时，一人可使用 2h 以上，二人可使用 1h 以上。

维护方法：存放于干燥干净的环境中；易损部件要定期检查，如有必要，应更换气瓶、减压阀、需求阀和面罩，由专业人员进行检测。

### 3. 双气瓶呼吸器

双气瓶呼吸器可用于火场浓烟、化学危险品泄漏等场所，通常由背架、一级减压阀、连接软管、低压报警装置、气瓶压力表、二级减压阀、TOTAL 型面罩、2 个 4.7L/30MPa 碳纤维气瓶组成。当气瓶残存压力小于 5MPa 时报警。使用时间（呼吸量按 30L/min 计）一般为 90min。视野宽、绝缘、防腐蚀、阻燃，重量 14kg。维护时，应保持清洁，防止面罩刮划；保持阀门活络，防止螺纹滑牙。

## （二）防护服装及其配套装备

防护服装是指避免消防队员受到高温、毒品及其他有害环境伤害的服装、头盔、靴帽、眼镜等，主要有消防战斗服、隔热服、避火服、抢险救灾服等。

### 1. 消防员基本防护装备

主要包括以下几类：

（1）消防头盔：用于头部、面部及颈部的安全防护。

（2）消防员灭火防护服：用于灭火救援时的身体防护，具有防火、阻燃、隔热、防毒等功能。消防员灭火防护服可以供消防员穿着进行灭火救援作业，可以短时近火作业；扎紧袖口、裤口等连接处，与空气呼吸器、防毒面具配合，可以在毒气、毒液毒性及浓度不太高的情况下，进行外围应急救援活动。

（3）消防手套与消防靴：消防手套用于手部及腕部防护。常用消防手套主要包括：防化手套、电绝缘手套、防割手套、防高温手套等。消防靴主要有：灭火防护靴、防化安全靴、抢险救援靴等。

（4）消防安全腰带和保险钩：主要用于消防员登高作业和逃生自救时的防护。

### 2. 消防员特种防护装备

主要包括以下几种：

（1）消防员隔热防护服：主要用于强热辐射场所的全身防护。分为带有空气呼吸器背囊的消防员隔热防护服和不带有空气呼吸器背囊的消防员隔热防护服。

（2）消防员避火防护服：主要用于进入火焰区域短时间灭火或关阀作业时的全身防护。它适用于高温有火焰灼伤危险的场合，由绝热玻璃纤维、铝化玻璃纤维表面制成。衣形符合人体轮廓，避火服可佩戴空气呼吸器，观测镜由多层热处理玻璃及防热玻璃制成。

（3）二级化学防护服：主要用于化学现场处置挥发性化学固体、液体时的躯体防护。

（4）一级化学防护服：主要用于化学现场处置高浓度、强渗透性气体时的全身防护，具有气密性，对强酸强碱的防护时间不低于1h。它由高质量的涂层织物制成，双层缝纫制作，拉锁由氯丁橡胶黏合，完全密封，可抗所有的芳香烃、卤代烷、酸、植物油及动物油。

（5）特级化学防护服：主要用于化学现场或生化恐怖袭击现场处置生化毒剂时的全身防护，具有气密性。它适用于放射性污染、生化组合毒剂和化学事故现场防护。其特点是：服装轻便、着装迅速，能迅速洗消并重复使用；可与所有毒气面罩匹配。

# 四、侦检器材及应用

## （一）有毒气体探测仪

### 1. 用途

有毒气体探测仪用于探测有毒气体、有机挥发性气体等，具备自动识别、防水、防爆性能。它是一种便携式智能型有毒气体探测仪，可以同时检测四类气体，即可燃气（包括甲烷、煤气、丙烷、丁烷等 31 种）、毒气（包括一氧化碳、硫化氢、氯化氢等）、氧气和有机挥发性气体。

### 2. 性能参数

有毒气体探测仪可同时对上述四类气体进行检测，在达到危险值时报警；防爆、防水喷溅；Ni-Cd 电池盒可使用 10h，Ni-Cd 电池盒充电时间 7~9h，LED 显示；重量约 1kg；尺寸为 194mm×119mm×58mm。

可燃气体检测仪可用于事故现场多种易燃易爆气体（如甲烷、乙炔、氢气等）的浓度检测。

## （二）水质分析仪

水质分析仪可对地表水、地下水、各种废水、饮用水及处理过的小颗粒化学物质进行定性分析。水质分析仪通过特殊催化剂，利用化学反应变色原理，使被测原液颜色发生变化，通过光谱分析仪的偏光原理进行分析。其主要可用于测试氢化物、甲醛、硫酸盐、氟、苯酚、二甲苯酚、硝酸盐、磷、氯、铅等共计 23 种物质。使用时，应置于平面，轻拿轻放，避免潮湿、强光、热源，环境不得有烟尘，定期标定。

## （三）电子气象仪

电子气象仪用于检测事故现场的风向、风速、温度、湿度、气压等气象参数。电子气象仪通常为全液晶显示，温度的探测范围为 0 ~ 60℃（室内）或 -45 ~ 60℃（室外）；1h 内，气压移动超过 0.5 ~ 1.5mmHg 时，自动发出报警。使用时，应注意保持清洁，置于干净阴凉的地方。

## （四）漏电探测仪

漏电探测仪用于确定泄漏电源位置，具有声光报警功能。探测时无须接触电源，探测仪对直流电不起作用。工作温度 -30 ~ 50℃，储存温度 -40 ~ 70℃，开关具有高、低、目标前置。使用时，应随时保持仪器的清洁和干燥。非工作时，放回保护套内。电池电压低于 4.8V 时应更换，严禁使用充电电池。

## （五）消防用红外热像仪

消防用红外热像仪可在黑暗、浓烟条件下利用红外线成像原理观测火源及火势蔓延方向，寻找被困人员，监测异常高温及余火，观察消防队员进入现场情况。消防用红外热像仪有效监测距离为80m，可视角度为55°，防水、防冲撞，密封外壳，重量为2.7kg。使用时，应轻拿轻放，同时避免潮湿。

## 五、警戒器材及应用

警戒器材在火场或救援现场上主要是用来圈划危险区域或安全区域范围的装备。其主要包括：警戒标志杆、锥形事故标志柱、隔离警示带、出入口标志牌、危险警示牌、闪光警示灯、手持扩音器等。以上警戒器材，可根据不同场合灵活运用，主要以联用为主，也可单独使用。平时维护要注意防止表面损坏，保持清洁，器材应按规定搞好养护和存放。

## 六、救生器材及应用

救生器材是消防员在现场中营救被困人员或自救的工具。救生器材品种很多，这里只对几种常用器材进行介绍。

### （一）救生软梯

救生软梯是一种可以卷叠收藏在包装袋内的移动式梯子，主要在楼层、大型船舶等发生火灾或其他意外事故通道（楼梯）被封时，用以营救被困人员。使用时，必须挂靠牢固，视情加挂副梯；要搞好日常养护，防止虫蛀和霉变。

### （二）救生缓降器

救生缓降器分往返式和自救式两大类。其中，往返式分离心力制动式和油制动式；自救式分多孔板型和摩擦棒型。救生缓降器的特点为：往返式缓降器速度控制器固定，绳索可上下往返，连续救生，下降速度随人体重而定，不需人力辅助控制；自救式缓降器不能往返使用，其绳索固定，速度控制器随使用人从上而下，下降速度由人控制。缓降器必须按规定正确使用，搞好保养，保证备用状态，不准带病运行；达到最高使用次数时，要拆卸检查，全面清洗、注油、更换配件。

### （三）救生照明线

救生照明线适用于浓烟、无照明场所及水下作业；也可在有毒及易燃易爆气体的环境中使用。救生照明线通常绳长 30 ～ 100m，使用电压 220V。在温度超过 250℃时，5min 内可以保持完整性。如某处有破损，20s 后，该处自动断电，不影响整条线路的使用。管理使用时，应注意用湿布擦洗或在含洗涤剂的温水中浸泡清洗（有连接器的除外）；使用后，应冷却照明线。

### （四）折叠式担架

折叠式担架可用于运送事故现场受伤人员。折叠式担架通常为折叠式设计，所占空间小，便于洗消。管理过程中应注意，平时保持清洁，用后及时清洗晾晒。

### （五）消防救生气垫

消防救生气垫可用于救助高处被困人员。通常由气垫和充气瓶组成，气瓶为 6L/30MPa。每次使用间隔 3~5s，不准 2 人同时使用，下跳时须对准气垫中心点。使用时，应保持清洁，防止破损。

### （六）躯体固定气囊

躯体固定气囊可用于固定受伤人员躯体，保护骨折部位免受伤害。躯体固定气囊通过手动负压装置，使气囊内的小颗粒紧密接触，成为坚硬的固定面，起到固定保护的作用，不妨碍 x 光透视。日常维护中应用肥皂水清洗，清水漂净晾干，不得使用有机溶剂或腐蚀性洗涤品清洗。

### （七）消防过滤式自救呼吸器

消防过滤式自救呼吸器可用于事故现场被救人员呼吸防护。其通常由一个 200bar 的氧气瓶、手动气袋、喉管插入器、供氧面罩、鼻饲器和抽气器组成，并配有一个减压/流量调程计（0—16L）。维护时，应保持各部件的清洁和完好，保证氧气瓶内备用存气量。

## 七、堵漏器材及应用

### （一）金属堵漏套管

金属堵漏套管可用于压力 0.1 ～ 1.5MPa 的管道裂缝密封。外部由金属铸件制成，内嵌是具有化学耐抗性的丁腈橡胶密封套。通常有九种规格，密封管道直径为 2.13 ～ 11.43cm，工作温度 −70 ～ 150℃，总重量 0.93 ～ 5.7kg。使用管理中应防止破损，避免高温环境。

### （二）堵漏枪

堵漏枪可用于密封油罐车、液罐车及储罐裂缝。其一般由堵漏元件、密封枪、脚踏泵和操纵仪等组成。其工作压力 0.15MPa，枪杆长度 35 ~ 134cm，重量 0.3 ~ 0.5kg。有圆锥形和楔形两种。圆柱形密封袋可密封 30 ~ 90mm 直径镂孔，楔形袋可密封 15 ~ 60mm 裂缝的漏孔。密封袋用高柔韧性材料制成，有防滑齿廓。使用管理中，应防止袋体破损，避免高温环境。

### （三）内封式堵漏袋

内封式堵漏袋可用于圆形容器、密封沟渠或排水管道的堵漏作业。其一般由堵漏袋、单出口或双出口控制阀、脚踏泵、10m 供气软管、安全限压阀和减压表等组成。其工作压力 0.15MPa，工作直径 100 ~ 500mm，膨胀后直径约增加一倍；多层结构，带纤维增强，弹性高；短期耐热性 90℃，长期耐热性 85℃。使用管理中，应防止破损，避免高温环境。

### （四）外封式堵漏袋

外封式堵漏袋可用于管道、容器、油罐车或油槽车、油桶与储罐罐体外部的堵漏作业。其主要由控制阀、减压表、快速接头气管、脚踏泵、4 条 10m 长带挂钩的绷带、防化衬垫等组成。外封式堵漏袋有 1 种规格，3 个型号（1.5MPa 旋转扣、1.5MPa 带子导向扣、6MPa 带子导向扣）。工作压力不小于 0.15MPa，可密封面积 500mm × 300mm。1.5MPa 密封袋可封堵反压 1.4MPa；6MPa 密封袋可封堵反压 5.8MPa，使用管理中，应防止破损，避免高温。

### （五）捆绑式堵漏袋

捆绑式堵漏袋可用于管道及容器裂缝堵漏作业。其主要由控制阀、减压表、快速接头气管和两条 10m 长带挂钩的绷带组成，袋体径向缠绕。其工作压力不小于 0.15MPa；通常有两种规格，980mm 和 1770mm，用于 50 ~ 200mm 以及 200 ~ 480mm 直径的管道；具有抗油、抗臭氧、抗化学与耐油性，短期耐热性 115℃，长期耐热性 95℃。使用管理中，应防止破损，避免高温。

### （六）堵漏密封胶

堵漏密封胶可在化学或石油管道、阀门套管接头或管道系统连接处出现极少泄漏的情况下使用。堵漏密封胶使用方便、快速，在生锈、油腻、污染或狭窄的部位使用同样安全可靠。可承受压力为 0.4MPa。无毒，不会燃烧，可溶于水。一箱 8 罐，每罐 0.5L（0.6kg）。通常不用时应密封，放置于阴凉处。

### （七）罐体及阀门堵漏工具

罐体及阀门堵漏工具主要用于氯气罐体上的安全阀和回转阀的堵漏。通常由各种专用工具、中心定位架、密封罩和各种密封圈组成。对 C 类罐体具有良好的密封性。使用管理中，应定期保养各处螺纹，必要时须涂油脂；使用完后，要清除污垢，保持干净。

### （八）强磁堵漏工具

强磁堵漏工具可用于大直径储罐和管线的作业。其主要由磁压堵漏器、不同尺寸的铁靴及堵漏胶组成。工作温度 80℃，压力从真空到 1.8MPa 以上；适用水、油、气、酸、碱、盐等介质；适用低碳钢、中碳钢、高碳钢、低合金钢及铸铁等顺磁性材料。使用前，必须检查各部件的完好程度；操作时，必须严格按规定程序进行；平时，必须认真保管，保持完整、洁净，严防消磁。

### （九）注入式堵漏工具

注入式堵漏工具可用于阀门或法兰盘堵漏作业。其通常由手动高压泵（限额压力 63MPa，使用压力 ≤ 50 MPa）、注胶枪、高压橡胶管、专用卡箍和夹具及固定密封胶组成，配有手动液压泵，泵缸压力 ≥ 74MPa。适用各种油品、液化气、可燃气体、酸、碱液体和各种化学品等介质。工作温度 –100 ~ 650℃，工作压力 < 50MPa。使用前，必须检查所有连接部位和密封点的完好性；操作时，必须严格按照规定程序进行；用后，清洗、涂油保存，并按要求定期检查。

### （十）粘贴式堵漏工具

粘贴式堵漏工具可用于罐体和管道表面点状、线状泄漏的堵漏作业。一般由堵漏胶金属垫片、捆绑铁皮和铁皮收紧器组成。工作温度 –70 ~ 250℃，工作压力 1.0 ~ 2.5 MPa。使用前，必须检查各使用部件的完好程度；操作时，必须严格按规定程序进行；用后，清洗、涂油保存，按要求定期检查。

## 八、破拆器材

破拆器材是消防员在灭火救援战斗中，为完成灭火、救人、排险等任务而进行开辟通道、破拆建（构）筑物等所需的装备和器材，分为手工破拆工具、动力破拆工具和化学破拆工具三大类。这里只对常见破拆器材做简单介绍。

### （一）丙烷气体切割器

丙烷气体切割器用于较坚固、不易为手锯破拆的金属结构障碍物，如金属门、窗、构件、车船外壳、金属管道等。用完检查、保养，损坏及时维修。

### （二）气动切割刀

气动切制刀主要用于切割车辆外壳、防盗门等薄壁金属及玻璃等，配有不同规格切割刀片。气动切割刀以压缩空气做动力，使用时不产生火花，由切割玻璃刀片、切割金属刀片、供气装置等组成，工作压力为 8 ~ 10MPa。切割金属时切刀与所切物体呈 45° 角，切割机的冲程为 12.7mm。通常切割刀每次用过后要涂润滑油；刀具每使用三次，须定期检查，维修保养，并注意 32 号螺钉是否拧紧。

### （三）液压万向剪切钳

液压万向剪切钳可用于狭小空间破拆作业。钳头可以旋转，体积小、易操作。钳头可以旋转，钳口刀刃隆起呈凸状；最小扩张力 3.6t，最大扩张力 8.2t；钳刃中点剪切力 7.7t，钳刃根部剪切力 15t，工作压力 35MPa；钳臂最大开度 55mm；自重 7.4kg，钳头旋转角度 180°。使用时，应避免剪切强化处理过的钢材、齿轮杆、机动车油箱支架、机动车减震簧片、合页轴、门锁锁舌、安全带固定插槽等。

### （四）便携式防盗门破拆工具组

便携式防盗门破拆工具组主要用于卷帘门、金属防盗门的破拆作业，包括液压泵、开门器、小型扩张器、撬棍等工具。其中，开门器最大升限不小于 150mm，最大挺举力不小于 60kN。扩张力 8.9t，行程 150mm，工作压力 64.7MPa，重量 5kg。维护中，应保持清洁，防止油路堵塞。

### （五）液压破拆工具组

液压破拆工具组主要用于建筑倒塌、交通事故等现场破拆作业，包括机动液压泵、手动液压泵、液压剪切器、液压扩张器、液压剪扩器、液压撑顶器等。其工作压力 63MPa，最大切割能力 10mm（Q235），扩张力 30kN，扩张距离 270mm，工作状态重量小于 14kg。维护时，应保持油路清洁畅通，防止刀刃损伤。

## 九、牵引起重器材

### （一）起重气垫

起重气垫可用于升举扶正倒翻车辆、重物起升。其主要由减压器、连接器、充气软管、操纵仪等组成。起重气垫具有抗裂、耐磨、抗油、抗老化的优点。两个气垫可同时使用。有 4 种规格，升举能力 5 ~ 48t，升举高度 200 ~ 100mm。维护时，应保持清洁，防止破损。

### （二）液压撑杆

液压撑杆用于撑开、顶升障碍重物。通常由缸体、活塞推杆等构成。工作压力 350MPa，撑顶力 10.4t，拉力 4.2t，撑开长度 926mm。维护时，应保持清洁，防止缸体拉毛，进出油口不得被异物堵塞。

### （三）牵引机

牵引机主要用于起吊和牵引物体。其主要由钢丝绳卷线轴、汽油发动机底座所组成。通常其牵引钢丝绳长 80m，直径 6.2mm。牵引重量 1t，牵引速率 25m/min，马达转速 700pm。使用时，应注意钢丝绳严禁打死结，发动机润滑油要定期更换。

## 十、洗消器材

### （一）公众洗消帐篷

公众洗消帐篷主要用于化学灾害救援中人员洗消。通常由一个帐篷袋，包括一个运输包（内有帐篷、撑杆）和一个附件箱（内有一个帐篷包装袋、一个拉索包、两个修理用包、一个充气支撑装置、塑料链和脚踏打气筒）组成。其尺寸一般为高 2.8m，长 10.3m，宽 5.6m，面积 60m²。帐篷内有喷淋间、更衣间等场所。应注意在每次使用后必须清洗干净，擦干晾晒后，方能收放。使用时，尽量选择平整且磨损较小的场地搭设，避免帐篷刮划破损。

### （二）战斗员个人洗消帐篷

战斗员个人洗消帐篷主要用于战斗员洗消。其折叠尺寸为 900mm×600mm×500mm，面积 4m²，重量 25kg，压缩空气充气。底板可充当洗消槽，并连接有 DN45 的供水管和排水管。维护时，必须清洗晾晒，方能收放。使用时，尽量选择平整且磨损较小的场地搭设，避免帐篷刮划破损。

# 第三章 消防应急救援业务基础工作

消防应急救援业务基础工作是指消防应急救援工作相关的各种信息的搜集、整理、研究、管理和应用，是消防救援队伍一项极为重要的经常性工作，是消防应急救援行动"救人第一、科学施救"指导思想得以体现的重要保障。消防救援队伍各级指挥员，必须充分认识此项工作的重要性，加强对消防应急救援业务基础工作的系统性建设。消防应急救援业务基础工作主要包括：战备、辖区情况熟悉、消防应急救援预案、消防应急救援战评、消防应急救援保障、消防应急救援业务资料等。

## 第一节 消防应急救援战备工作

为始终保持良好的战备状态，不断提高快速反应能力，保证执勤战斗任务圆满完成，消防救援队伍必须严格落实战备工作。战备工作包括战备等级、战备制度和战备职责。

### 一、战备等级

消防救援队伍实行等级战备制度，战备等级分为经常性战备、二级战备和一级战备。

#### （一）经常性战备

消防救援队伍为完成日常执勤战斗任务所保持的准备状态为经常性战备，必须达到下列基本要求：

（1）全勤指挥部和各级值班首长及值班、执勤人员在岗在位；

（2）执勤战斗装备完整好用；

（3）随时做好应急救援出动准备；

（4）所有人员保持通信畅通。

## （二）二级战备

消防救援队伍遇有特殊保卫任务或者发生重大灾害事件时进入二级战备。二级战备应当在经常性战备的基础上，必须达到下列基本要求：

（1）进行战备动员，通报情况任务，研究制定执勤作战方案；

（2）各级首长和值班人员在岗在位，总队、支队全勤指挥部成员集中值班，指挥长在作战指挥中心值守待命；

（3）停止批准休假，严格控制人员外出，总（支）队机关现有95%的人员在所在城市待命，大（中）队现有执勤人员在岗在位率不得低于95%；

（4）责令专人及时收集、报告有关信息，及时对灾情任务进行分析评估；

（5）根据需要调整执勤人员，充实一线执勤力量，落实各项执勤战斗保障；

（6）必要时派出力量在重点区域执勤。

## （三）一级战备

消防救援队伍在国家进入战争状态，全国或部分地区处于紧急状态，遇有特别重要的消防保卫任务或者发生特别重大灾害事件时进入一级战备。一级战备应当在二级战备的基础上，必须达到下列基本要求：

（1）进行临战动员，通报形势任务，研究制定执勤作战实施方案；

（2）部队所有人员停止探亲休假、外出及节假日休息，召回在外人员，各级首长和各类执勤人员全部在岗在位；

（3）立即调整人员、车辆，充实加强一线和重点地区执勤力量，各项执勤战斗保障到位；

（4）总（支）队值班首长、指挥长在作战指挥中心值守，执勤消防救援站人员视情着战斗服装待命；

（5）根据需要派出力量进入重要场所现场监护。

# 二、战备制度

战备制度，是指为保障执勤战备秩序，使消防员和装备处于良好的战备状态而制定的规定和规章。主要包括：战备值班制度、辖区熟悉制度、战备教育制度、装备管理制度、战备检查制度、信息报告制度等。

## （一）战备值班制度

消防救援队伍应当严格落实战备值班制度，保证不间断值班。总队、支队、大队，消防救援站应设值班首长；总队、支队应建立遂行应急救援行动的全勤指挥部；各级值班首长和全勤指挥部人员必须具备相应等级的消防岗位资格，并胜任本级指挥岗位；各级值班、执勤人员必须坚守岗位，严守执勤制度，认真履行职责，完成值班、执勤；各级执勤单位应当严格按交接程序要求，每天进行值班交接，交接班时，听到出动信号，由交班人员负责出动，完成任务归队后再进行交接。

### （二）辖区熟悉制度

辖区熟悉是指各级消防救援队伍按照岗位、职责分工，为系统全面了解、掌握辖区情况而开展的一项经常性工作，主要内容包括熟悉辖区概况、交通道路与消防水源情况、消防安全重点单位情况；掌握辖区主要灾害事故的类型和处置对策、应急救援力量资源情况、社会应急救援联动力量资源情况；按照职责分工，了解掌握执勤战斗预案相关内容。

### （三）战备教育制度

战备教育是以树立常备不懈思想和保持良好战备状态为目的的教育，是队伍战备工作和经常性思想政治教育的重要内容之一。战备教育是一项经常性工作，在队伍人员变动期间和重大节日，重要活动或者遇有其他特殊情况时，必须进行有针对性的战备教育。战备教育的主要内容包括形势、任务、政策、法规、纪律及上级指示要求等。

### （四）装备管理制度

消防救援队伍应当严格落实执勤战斗装备管理制度，保证随时处于完好战备状态。执勤战斗装备不得用于与执勤战斗无关的事项；消防车（艇）的停放（泊靠）和个人装备的放置，必须便于出动，符合实战要求；执勤战斗装备应当按照标准配备，建立档案，坚持定期检查保养，发现故障、损坏应当及时修复或者补充；消防车库应当保持整洁卫生，严禁住人和存放与执勤战斗无关的物品，应确保安全。

### （五）战备检查制度

战备检查是指对战备教育、人员在岗、装备状态、通信联络、战勤保障等情况的检查。消防救援站每天、大队每周、支队每月对所属部队应当至少进行一次战备检查。重大节日、重大活动或者遇有特殊情况时，总（支大）队必须组织检查，及时解决存在问题，重大问题要立即向上级报告。

### （六）信息报告制度

消防救援队伍应当严格落实信息报告制度，建立完善的消防通信调度指挥系统，及时接报、处理执勤战斗信息，并与相关部门、专业力量实现互联互通和信息共享。

# 三、战备职责

战备职责是消防救援队伍各级、各类执勤战斗人员执勤战备和应急救援行动的基本准则。基层消防救援队伍是应对各类灾害事故的主要力量，指挥员应重点掌握与应急救援组织指挥工作紧密相关的部门和人员的战备职责。

## （一）全勤指挥部

全勤指挥部是重特大灾害事故应急救援行动的指挥首脑机构，是消防应急救援指挥体系的核心。

各级全勤指挥部实行 24h 战备值班制度，贯彻执行上级的命令、指示，接受下级的请示报告，并及时妥善处理。全勤指挥部应掌握辖区各类灾害事故的特点、处置对策、消防安全重点单位有关情况和本级执勤战斗预案相关内容；掌握辖区消防救援队伍及其他应急救援队伍执勤战斗实力、分布及装备、灭火剂储备情况，检查督促消防救援队伍战备工作；全勤指挥部值班人员必须坚守岗位，根据承担任务不同，指挥长和作战、通信、信息、政宣、战保等助理人员应履行相应的战备职责，随时做好出动准备，遂行作战、指挥应急救援任务。

## （二）作战指挥中心

作战指挥中心集接处警、力量调集、作战指挥、信息综合、决策参谋等多功能于一体，在消防应急救援指挥体系中发挥着中枢作用。

作战指挥中心应掌握辖区交通道路、消防水源和消防安全重点单位等情况；掌握消防救援队伍、微型消防站和辖区其他应急救援队伍执勤战斗实力及变化情况，并及时报告值班首长和相关部门；掌握辖区社会相关单位应急救援力量情况及联系方式，保持与应急联动单位和其他应急救援队伍的联系；定时与辖区消防救援队伍、微型消防站和电信部门检查通信线路及设备，做好登记，发现问题应及时处理。

作战指挥中心应熟悉应急救援分级规定，及时准确受理事故报警，按照等级力量调派方案或者值班首长指示及时调派出动力量，记录接处警和力量调派等情况，提供应急救援相关信息资料；统计分析接处警的出动情况，及时汇总上报应急救援行动信息，作战指挥中心应保持与灾害事故现场的通信联络，负责消防接处警和通信系统的管理工作；应加强和应急救援行动有关的网络舆情监控，发现问题及时处理和报告。

## （三）消防救援站值班指挥员

消防救援站值班指挥员往往是应急救援行动一线指挥员，是一般灾害事故应急救援独立指挥和重特大灾害事故初期指挥的实施者，是上级指挥机构或指挥首长指挥意图得以有效体现的关键。

消防救援站值班指挥员应贯彻落实上级的有关规定、指示，落实各项战备制度，保证人员、装备时刻处于良好的战备状态；掌握中队执勤人员、装备和辖区其他应急救援队伍情况。消防救援站值班指挥员应熟悉辖区情况，制定执勤战斗预案，定期开展演练；熟悉辖区交通道路、消防水源、消防安全重点单位应急救援预案等情况，掌握辖区灾害事故的种类、规律、特点及处置对策；组织战备教育，落实各项安全措施，按照规定上报战备情况。

## （四）作战人员

作战人员是消防应急救援指挥命令的具体落实人员。战斗班长、战斗员、通信员、驾驶员、供水员、摄（录）像员、安全员等作战人员在掌握辖区交通道路、消防水源、消防安全重点单位等情况的同时，还应履行以下战备职责：

### 1. 战斗班长

掌握灾害事故救援程序及行动要求，熟悉执勤战斗预案的有关内容；掌握本班人员情况，确定战斗分工；熟悉执勤战斗装备配备和使用操作技术，认真组织维护、保养工作，使其随时处于良好战备状态；妥善处理本班战备工作中发生的问题，并及时报告消防救援站值班指挥员；副班长协助班长工作，在班长离开岗位时，代行班长职责。

### 2. 战斗员

保持个人防护装备和分管装备完整好用，熟悉装备性能，熟练使用操作；掌握辖区主要灾害事故救援的行动要求，熟悉消防救援站执勤战斗预案中本岗位的主要任务；熟悉应急救援行动安全要则，掌握紧急避险方法。

### 3. 通信员

熟悉应急救援分级规定，按照出动命令或者报警及时发出出动信号，并做好记录；熟练使用通信装备，做好维护保养工作，发现故障及时处理；掌握辖区交通道路和消防安全重点单位有关情况，熟记通信用语和有关单位、部门的联系方法；接到上级指示，及时报告值班首长。

### 4. 驾驶员

熟练掌握车辆构造及车载固定装备的技术性能和操作方法，能够及时排除一般故障；负责车辆和车载固定灭火救援设备的维护保养，及时补充车辆的油、水、电、气、灭火剂，保持良好的战备状态；冬季寒冷地区应当对消防车、泵等采取防寒防冻措施。

### 5. 供水员

熟悉辖区市政和消防安全重点单位内部消火栓的数量、位置，给水管网形状、直径、供水能力；熟悉辖区内天然水源以及其他可用水源的情况和取水方式；掌握供水装备技术性能和供水方法，保持分管装备完整好用，熟练使用相关装备；负责消防水源资料登记、造册、归档工作，定期对消防水源进行检查。

**6. 摄（录）像员**

熟悉摄（录）像器材技术性能、熟练操作使用；掌握现场摄（录）像的内容、方法及相关要求；负责摄（录）像器材充电、维护保养工作；负责执勤战斗影像资料传输、收集整理和归档工作。

**7. 安全员**

掌握相关安全常识和防护技能；熟悉各类防护装备操作和检查方法；掌握现场警戒、安全撤离的方法和要求。

# 第二节　辖区情况熟悉

辖区情况熟悉是消防救援队伍为打牢执勤备战基础，提升应急救援科学化水平，掌握应急救援主动权而开展的一项基础性、经常性工作，是各级值班、执勤人员必须履行的战备职责。辖区情况熟悉对制定执勤战斗预案，实施计划指挥，推动消防装备和消防设施建设，促进应急救援技战术研究具有重要作用。

## 一、辖区情况熟悉的基本内容

辖区情况熟悉也称为"六熟悉"，熟悉的基本内容包括辖区概况、交通道路与消防水源情况、消防安全重点单位情况、主要灾害事故的类型和处置对策等几个方面。

### （一）辖区概况

辖区概况包括：辖区边界与面积；地理位置与环境特点；人口数量与分布；各类企业的类型与规模；城市发展与公共消防设施状况；辖区及周边地区抗御灾害事故的资源情况。

### （二）交通道路与消防水源情况

主要包括对辖区交通、道路、桥隧、人工水源、天然水源情况的熟悉。

**1. 交通道路**

（1）基本情况

包括消防车可以通行的道路名称、方位、宽度、出入口、交会口、路面承重及通行能力、高峰时段的车流量、道路施工和路面完好情况等。

（2）桥隧建筑物情况

包括各种桥梁、隧道、涵洞等的名称、位置、宽度、长度、跨度、限高、承重、通行要求、修建年限等情况。

（3）其他交通情况

包括辖区内铁路、地铁、机场、航道的名称、分布、通行能力、通行要求和停靠特点，消防车到达上述交通线路的道路交通基本情况。

**2. 消防水源情况**

（1）人工水源情况

包括各类消火栓、消防水鹤、消防水塔、消防水池和消防水箱的位置、数量、储量、流量、不同时段供水压力及管道情况。

（2）天然水源情况

包括辖区内海洋、江河、湖泊、池塘、沟渠的名称、方位、数量、面积、深度、流量和水位变化情况、取水码头与取水方式等。

## （三）消防安全重点单位情况

消防安全重点单位泛指辖区消防安全重点区域、消防安全重点单位和重大危险源。

**1. 消防安全重点区域**

指由若干不同规模的单位组成的人员集中、经济价值高、建（构）筑物相互毗邻的区域。熟悉的主要内容包括：

（1）消防安全重点区域的名称、位置、面积、布局，生产与经营单位的数量、性质、规模等情况；

（2）区域人口数量、结构与分布；

（3）区域内消防安全重点单位、建（构）筑物的类型及分布；

（4）消防水源、交通道路情况；

（5）区域的执勤战斗预案和应急救援力量情况。

**2. 消防安全重点单位**

指发生火灾或事故后可能造成重大人员伤亡、重大财产损失、重大社会影响的单位。熟悉的主要内容包括：

（1）单位名称、位置、性质、规模、平面布局、建筑结构、面积、高度、耐火等级及使用情况；

（2）重点部位情况、生产工艺流程、原料和产品的理化性质及储存、运输方式；

（3）安全疏散通道、安全出口、消防车通道及消防设施的设置、管理、运行情况；

（4）单位与消防救援站的距离和交通道路、消防水源情况；

（5）单位消防组织力量及应急救援预案情况；

（6）毗邻单位有关情况。

**3. 重大危险源**

指有可能发生造成重大人员伤亡、重大财产损失的火灾、爆炸、毒害等灾害事故的场所或设施。熟悉的主要内容包括：

（1）场所或设施名称、地理位置、数量、危险评估等级；

（2）生产或经营的性质、工艺流程、原料及产品储存和物流方式；

（3）消防设施的设置、管理及运行情况；

（4）单位与消防救援站的距离和交通道路、消防水源情况；

（5）单位消防组织力量及应急救援预案情况；

（6）可利用的灭火救援力量分布、实力和到达时间。

## （四）主要灾害事故的类型和处置对策

熟悉辖区主要灾害事故的规律和特点，有助于准确掌握科学的处置对策，快速、科学、有效地展开应急救援行动，减小灾害事故的危害。

熟悉的主要内容包括：主要灾害事故的类型、特点、危害形式、处置措施、处置程序、注意事项、应急联动情况。

应急救援力量资源是成功实施应急救援行动的重要基础和保障。

熟悉的主要内容包括：辖区以及相邻区城内各种形式消防救援队伍的人员数量以及装备、灭火剂的种类、数量和性能等情况，应掌握联系人与联系方式变化情况。

社会应急救援联动力量资源，是指能够为应急救援行动提供人员、技术、装备支持的社会力量。主要包括公安、交通、供电、供水、供气、救护、环保、环卫、运输、气象、电信等部门或单位。

熟悉的主要内容包括：辖区所在地的政府及有关部门制定的各类灾害事故应急救援预案情况及预案启动的程序和方法；社会应急救援联动队伍的人员数量；装备种类、数量及性能；社会应急救援技术专家组成员的基本情况和联系方式；辖区内灭火剂、化学中和药剂的生产和储存单位名称、位置、储存数量。

# 二、基层作战人员辖区情况熟悉的内容

辖区情况熟悉应当坚持"立足岗位、面向实战、注重实效"的原则，明确各级值班、执勤人员熟悉内容，严格检查考核，做到应知应会。各级值班执勤人员因岗位职责不同，熟悉重点亦有不同。

### 1. 消防救援站指挥员

消防救援站指挥员辖区情况熟悉的主要内容包括：

（1）本消防救援站执勤战斗实力、主要装备技术性能及作战力量编成；

（2）辖区专职消防救援队伍及其他专业力量人员和装备实力、联系方式等；

（3）辖区交通道路和消防水源基本情况；

（4）辖区灭火药剂等战勤保障物资装备储备情况；

（5）辖区重点单位分布情况，主要灾害事故救援对策及组织指挥程序；

（6）本级灭火救援预案内容，包括建筑结构、使用性质、重点部位、建筑消防设施等。

### 2. 战斗班长

战斗班长辖区情况熟悉的主要内容包括：

（1）本班人员情况，主要装备技术性能及操作使用方法；

（2）辖区主要灾害事故救援程序及行动要求；

（3）辖区重点单位的使用性质、重点部位、建筑消防设施、灭火措施、进攻路线、撤离路线、紧急避险方式和注意事项等情况；

（4）本级灭火救援预案内容及作战分工、人员编组情况。

### 3. 战斗员

战斗员辖区情况熟悉的主要内容包括：

（1）辖区消防安全重点单位的重点部位、消防水池、疏散楼梯、消防控制室位置；室内消火栓位置和数量、水泵接合器位置和使用方法；进攻路线、紧急避险方式和撤离路线等情况。

（2）本级灭火救援预案中个人战斗任务，常见灾害事故救援行动要求。

### 4. 供水员

供水员辖区情况熟悉的主要内容包括：

（1）辖区消防水源情况，主要包括市政供水管网及消火栓、消防水鹤情况（形式、管径、压力、数量等），以及天然水源情况（分布、水量、水质、取水位置等）；

（2）辖区消防安全重点单位内部消火栓（位置、压力、管径）、水泵接合器（位置、分区、类型）、消防水池情况（位置、容量、取水方式）等情况；

（3）本级灭火救援预案中供水形式、方法和线路。

### 5. 通信员

通信员辖区情况熟悉的主要内容包括：

（1）本级有线、无线通信方式，语音、图像等装备操作要领；

（2）辖区交通道路情况和邻近执勤中队辖区主要交通道路情况，辖区消防安全重点单位地址；

（3）辖区专职消防力量及灭火救援联动单位的联系方式；

（4）辖区消防安全重点单位地址、联系方法、重点部位、消防通道、内部消防组织以及灾害事故危险性；

（5）火警和应急救援分级、灾情信息上报程序及内容要求。

### 6. 驾驶员

驾驶员辖区情况熟悉的主要内容包括：

（1）辖区交通道路情况，包括宽度、转弯半径、路况、承重、限高等，交通道路不同季节、气候、时段通行情况；

（2）邻近执勤消防救援站辖区主要交通道路情况；

（3）辖区重点单位地址、行车路线；

（4）辖区重点单位出入口位置、消防车通道、举高消防车登高作业面等情况；

（5）本级灭火救援预案中车辆停放位置、灭火药剂供给形式和线路以及战斗任务；

（6）消防车总质量、总长、总宽、总高、最高车速、最小转弯半径、最大爬坡度、接近角、离去角、最小离地间隙等参数。

### 7. 战勤保障员

战勤保障员辖区情况熟悉的主要内容包括：

（1）本级战勤保障车辆装备及应急物资储备情况；

（2）辖区社会保障物资装备储备及联系方式；

（3）本级灭火救援预案的战勤保障内容。

### 8. 接警调度员

接警调度员辖区情况熟悉的主要内容包括：

（1）火警和应急救援分级，灾情信息上报程序及内容要求；

（2）警情受理程序、灾情等级划分、接处警系统运行维护管理和辖区各类灾害事故救援作战力量编成；

（3）辖区专职消防力量及灭火救援联动单位的联系方式；

（4）辖区交通道路情况和邻近执勤中队辖区主要交通道路情况，辖区消防安全重点单位地址；

（5）辖区主要灾害事故的特点和处置注意事项。

### 9. 安全员

安全员辖区情况熟悉的主要内容包括：

（1）辖区消防安全重点单位建筑结构、耐火等级、使用性质、重点部位、易倒塌部位等情况；

（2）辖区消防安全重点单位内部消防电梯、疏散楼梯、安全出口、避难层位置及数量、紧急避险方式和撤离路线等情况；

（3）辖区主要灾害的危险特性，引起灾情突变的先兆等。

## 三、辖区情况熟悉的方法

辖区情况熟悉的方法主要有实地熟悉法、文档学习法、讲解熟悉法、考核熟悉法、网络熟悉法。

### （一）实地熟悉法

实地熟悉法是指消防员实地深入辖区，运用"查、看、问、记、思"的方法，对影响辖区应急救援行动的情况进行调查、了解与熟悉。具体要做到"五勤"。

#### 1. 勤查

要经常实地深入调查辖区街、道、巷和消防安全重点区域、消防安全重点单位、消防重大危险源，对辖区情况进行全面的熟悉掌握，加深对辖区各类情况的感官认识和印象。

#### 2. 勤看

消防员要经常观察了解辖区内各类情况变化，及时修改辖区情况资料。

#### 3. 勤问

熟悉对象情况复杂、专业性强、无法从表观熟悉掌握时，消防员要主动向有关人员咨询，必要时应查阅有关资料。

#### 4. 勤记

要利用各种工具及时将熟悉对象的情况详细记录下来，留待后期学习与应用。

#### 5. 勤思

在实地调查熟悉过程中，要勤于思考，结合现有的人员、技术装备和辖区内消防力量资源情况，思考和研究处置措施，确立针对性的应急救援对策。

### （二）文档学习法

文档学习法是指消防员利用辖区平面图、交通道路图、消防水源图、应急救援预案等相关文档资料，开展对辖区情况学习与熟悉的方法。文档既可以是纸质文档，也可以是电子文档。文档学习法必须建立在准确完整的文档资料基础上，通过文档学习，可以使消防员对辖区情况有系统全面的了解和掌握。

### （三）讲解熟悉法

讲解熟悉法是指由指挥员依据应急救援预案和有关应急救援业务基础资料，系统而有重点地向消防员讲解辖区情况，也可以根据工作需要，邀请有关部门和消防安全重点区域、消防安全重点单位、消防重大危险源单位的相关人员进行专题介绍。熟悉了解情况时，可通过课堂讲解、问答、讨论等方式进行。

### （四）考核熟悉法

考核熟悉法是指按照各岗位执勤人员的灭火救援任务分工，对个人或小组进行辖区情况熟悉的考核、讲评的训练方式。通常采用实地考核或者对照预案考核的方式，通过考核，可以检验消防员对辖区情况的了解与熟悉程度。

### （五）网络熟悉法

网络熟悉法是指消防员依托计算机和网络技术、按照岗位、职责要求，利用电子地图、地理信息系统等平台或者消防网络管理、视频监控等系统，查询应急救援预案和应急救援业务资料信息，熟悉辖区情况的方法。

## 四、辖区情况熟悉的要求

消防救援队伍各级主官是辖区情况熟悉与实战演练工作的组织者和领导者。总（支）队司令部门、大队和消防救援站具体负责本级辖区情况熟悉与实战演练工作的组织实施，政工、后勤、防火监督部门根据职能予以配合落实各项保障。

1. 辖区情况熟悉工作通常按照收集资料、实地踏勘、建立台账、归档小结 4 个程序组织实施；消防安全重点单位情况应当以实地熟悉为主，按照职责划分进行熟悉，核实情况，做好记录，并注意留存影像资料。

2. 辖区情况熟悉应贯穿各级消防救援队伍年度业务训练工作的始终，总队、支队全勤指挥部每年熟悉辖区消防安全重点单位分别不少于 4 家、12 家，大队和消防救援站每周至少安排 2d 开展辖区情况熟悉，每年将辖区消防安全重点单位、道路水源等情况全部熟悉。

3. 各级消防救援队伍应制订年度辖区情况熟悉工作计划，明确熟悉消防安全重点单位名称、岗位人员熟悉内容、阶段划分、检查考核等内容。大队和消防救援站年度辖区情况熟悉工作计划应当报支队司令部门审批、备案，支队年度辖区情况熟悉工作计划应当报总队司令部备案。如有变动，应当及时报上一级单位批准调整。

4. 各级消防救援队伍应当制定本级辖区情况熟悉手册，总（支）队每年、大队和消防救援站每半年应当对辖区情况熟悉手册进行一次全面修订，加强日常学习培训，打牢执勤备战基础。

5.实地熟悉辖区消防安全重点单位时，如发现消防通道不畅，建筑消防设施缺损，消防联动控制设备无法联动等影响灭火救援工作的隐患和问题，应当及时通报防火监督部门督促整改。防火监督部门应及时将单位整改情况向辖区执勤中队通报反馈。

## 五、辖区情况熟悉的注意事项

全面落实辖区情况熟悉工作，应严格遵守以下注意事项：

### 1.要注重全面熟悉和突出重点相结合

辖区情况熟悉应作为训练工作的重要内容，纳入全年训练计划之中。实际工作要做到全面熟悉与重点熟悉相结合。

消防员应真正成为辖区"道路通""水源通""活地图"，辖区情况发生变化，应及时更正相关信息。在全面熟悉基础上，根据应急救援预案要求及重大节日、活动勤务需要，突出对重点区域、重点单位、消防重大危险源的调查与熟悉。

### 2.要认真落实安全工作

外出熟悉时，应遵守交通规则，注意交通安全；熟悉消防重大危险源或高危单位时，要严格遵守安全规程；熟悉高空、水城、地下等特殊场所、部位时，应做好相应的安全防护，防止意外发生。

### 3.要严格落实执勤战备工作

应分批进行辖区情况熟悉，确保消防救援站内保留足够的执勤战斗力量；外出熟悉人员应与消防通信指挥中心（或中队）保持通信联络，确保发生灾情时，能及时赶赴现场；在辖区灾情多发时期，外出开展情况熟悉的消防员应随车携带战斗装备。

### 4.应树立良好形象

熟悉消防安全重点区域、消防安全重点单位情况时，应事先联系，确定时间，努力减少对单位工作、企业生产、商业区经营秩序影响；消防员在开展对辖区情况熟悉的工作中，要做到举止端正、言行文明、行动规范。

# 第三节　消防应急救援预案

消防应急救援预案是消防救援队伍针对辖区可能发生的灾害事故，立足保卫对象特点、灾情分析评估、执勤力量和作战经验而预先制定的作战行动方案。消防应急救援预案对消防救援队伍有效实施计划指挥，提高消防救援队伍作战效能具有十分重要的意义，是为做好执勤战斗准备而开展的一项基础性、经常性工作。

# 一、消防应急救援预案的分级

根据响应分级、力量编成、指挥层次等实际需要，预案分为总队、支队、大队和消防救援站三个层级。

## 1. 总队级预案

指省、自治区、直辖市公安消防总队结合辖区消防应急救援力量和社会联动力量，针对可能发生的不同类型灾害事故或重点保卫对象而制定的跨区域应急救援预案，涉及增援力量跨地（市、州、盟）进行处置，由总队统一协调指挥。

## 2. 支队级预案

指地（市、州、盟）公安消防支队结合辖区内灭火救援力量和社会联动力量，针对可能发生的不同类型灾害事故和重点保卫对象而制定的以类型预案模版为基础的执勤战斗预案，涉及多个大队和消防救援站力量进行处置，由支队统一协调指挥。

## 3. 大队和消防救援站级预案

指大队和消防救援站结合辖区应急救援力量，针对重点保卫对象所制定的直观、简明、实用的执勤战斗预案，涉及本大队和消防救援站执勤力量参与处置。

# 二、消防应急救援预案的分类

消防应急救援预案的类别可以根据执勤战斗任务、制定对象、制定形式和应急救援指挥各环节的实际需要进行划分。

## （一）按执勤战斗任务分

根据消防救援队伍主要承担的应急救援任务，消防应急救援预案可分为危险化学品泄漏事故、道路交通事故、地震及其次生灾害、建筑坍塌事故、重大安全生产事故、空难事故、爆炸及恐怖事件、群众遇险事件等8类应急救援预案。

## （二）按制定对象分

根据消防应急救援对象制定的灾害事故规模、类型、保卫对象情况，可分为跨区域应急救援预案、灾害事故类型预案、消防安全重点单位应急救援预案等3类。

## 1. 跨区域应急救援预案

消防总队根据重特大灾害事故救援需要，制定跨区域应急救援预案，主要内容包括单位（对象）基本情况、灾情设定、力量调集、通信保障、战勤保障、力量部署、应急联动及注意事项等。

### 2. 应急救援类型预案

消防支队根据本地区易发、多发灾害事故实际，制定应急救援类型预案，主要内容包括基本情况、灾情设定、处置难点、力量编成、灾情评估、组织指挥、力量部署、处置程序、安全管理、战勤保障、应急联动、通信联络及注意事项等。

### 3. 消防安全重点单位应急救援预案

消防大队和消防救援站根据辖区保卫对象情况，制定消防安全重点单位应急救援预案，主要内容包括单位基本情况、重点提示事项、消防设施情况、初战展开部署、重点部位情况、相关图像资料、通信联络方式等。

## （三）按制定形式分

根据消防应急救援预案制定形式不同，可分为文本式预案和数字化预案。

### 1. 文本式预案

指针对不同对象、不同灾害事故种类的应急救援行动，以纸质文档形式制作的行动方案。

### 2. 数字化预案

指针对不同灾害事故，以信息技术为手段，以信息环境为依托，立足于对现有应急救援力量和处置对象的掌握，通过灾害风险、灾害后果的模拟分析和预测，以及对应急救援资源的合理评估与调配，而形成的应急救援行动方案。

## （四）按应急救援指挥各环节的实际需要分

按应急救援指挥各环节的实际需要，可分为力量调集预案、任务分配预案、停车位置预案、力量部署预案、进攻行动预案、人员和物资疏散预案、排烟预案、破拆预案、水源补给预案、现场照明预案、物料输转预案、指挥部扩大预案等。

# 三、消防应急救援预案的内容

消防应急救援预案的主要内容包括：基本情况、灾情设定、力量调集、组织指挥、战斗行动、社会联动、勤务保障、特别警示、辅助决策、附件等。

### 1. 基本情况

指重点单位或部位与应急救援相关的有关情况，主要包括：

基本信息：重点单位或部位的名称、地址、位置、电话和其他联系方式、方法；

建筑情况：包括建筑结构、层数、高度、面积（占地面积、建筑面积）、耐火等级、可停车位置、举高展开位置等；

功能分区：重点单位或部位不同功能分区的性质、面积，企业生产、经营、储存物质、装置及工艺流程；

消防设施：包括消防控制室、疏散设施、消防供水系统、消防灭火系统；

水源情况：包括内部水源和外部水源；

行车路线：辖区消防救援队伍与重点单位或部位的距离，行车路线和预计行车时间；

毗邻情况：毗邻单位、道路、场所的名称、性质等基本信息及消防车辆停靠条件；

重点提示：重点单位、部位或危险源的危险性、处置措施、防护措施等。

### 2. 灾情设定

依据辖区灾害事故风险和危害调查评估结果，按照严重（Ⅰ级）、较大（Ⅱ级）、一般（Ⅲ级）划定灾情等级，可燃气体、易燃液体生产贮存单位的灾情等级可结合实际情况确定，一般情况下，灾情设定按照最大、最难、最危险、最复杂情况进行。

### 3. 力量调集

指在一定区域内，一定的灾情设定和一定的时间要求下所能调集使用的应急救援力量。主要包括：辖区消防救援站能出动的人员、车辆、装备的数量及种类；增援力量能出动的人员、车辆、装备的数量及种类；社会联动力量；相关单位内部消防组织及力量。

### 4. 组织指挥

指根据灾害事故设定，明确组织指挥力量的构成和任务职责。

对于灾害事故规模大、参战力量多、作战时间长、现场情况危险复杂、应急救援难度大的灾害事故现场，消防救援队伍应当及时成立现场作战指挥部，统一指挥应急救援行动。

现场作战指挥部一般由总指挥员、副总指挥员以及下属的作战组、专家组、通信组、信息组、政宣组、战保组及其相关人员组成，并设立现场文书和安全员。根据灾害事故设定，作战组可进一步细分为警戒组、侦察组、供水组、救生组、破拆组、掩护组等行动小组。预案应当明确行动小组、人员和承担任务。

### 5. 战斗行动

是针对不同的灾害事故等级以及灾情发展地不同阶段，明确每个参战的消防救援站、战斗班（组）的灾情处置、人员营救、物资疏散、供水保障等应急救援行动措施。战斗行动内容要科学、合理、准确。

### 6. 社会联动

当发生重大、特别重大灾害事故，需要调动多方面力量协同作战时，消防救援队伍现场最高指挥员及相关人员应当参加由地方政府、应急管理部门和相关联动部门领导组成的应急救援总指挥部。

社会联动部门一般包括公安、医疗、供水、供电、供气、气象、环保、通信等部门。社会联动的重点是要明确每支社会应急救援力量的构成、任务职责及联络方式。

### 7. 勤务保障

指消防救援队伍为完成应急救援任务，根据应急救援行动需求，对器材装备、灭火剂、卫生、饮食、物资、经费、技术、信息等进行的保障，其主要内容是消防救援队伍和社会相关部门的应急保障人员、装备和物资数量，以及调用程序、联络方式等。

### 8. 特别警示

指对灾害事故现场需要特别注意的问题进行强调，引起重视。

应根据灾害事故的特点及规律，围绕战斗行动的各个环节，明确组织指挥、技战术运用、安全防护等要求及注意事项，如参战人员的个人防护措施，水枪阵地安全设施，指挥员对复杂灾情的判断，紧急情况下的撤离，以及其他需要特别警示的事项。

### 9. 辅助决策

指决策者在决策过程中为做好问题分析、预计结果、处理不确定因素、评价与选择方案等各项工作所需的各种技术方法的总称。

消防救援队伍在应急救援行动中，及时掌握不同灾害事故的危害风险、危险源特性、灭火剂供给计算、车辆装备主要性能等相关信息。辅助决策系统作为现场查询应用的数据库，为指挥员提供技术支撑。

### 10. 附件

指为保证消防应急预案信息完整，直观而重点附属的资料。主要包括事故现场资料和作战部署资料，附件一般以图纸、图像形式呈现。

指与消防应急救援行动相关的事故现场地理、位置、水源、交通等现场信息资料。包括地理位置图、单位总平面图、建筑平（立）面图、标准平面层图、重点部位平面图，重点危险目标分布图、单位周边消防水源交通分布图等。

指与消防应急救援行动相关的力量部署、通信联络、疏散等作战信息资料。

包括战斗部署图、通信联络图、人员疏散图、物资疏散图、扩散预测图、警戒区域划分图、警戒区内居民疏散图、保障供给图等。

## 四、制定消防应急救援预案的程序

各级预案制定单位应当成立预案制定工作机构。总（支）队机构成员由司令部、政治部（处）、后勤部（处）、防火监督部（处）人员及相关专家组成，负责制定本级预案，并对所属部队预案制定工作进行规范、检查和指导；大队和消防救援站机构成员由消防救援站人员和大队防火监督人员组成，负责制定本级预案。

一般情况制定消防应急救援预案按以下程序进行：

### 1. 确定对象

总队统一界定总队、支队、大队和消防救援站预案制定的对象和类型范围。各级预案制定单位应结合辖区灾害事故特点和消防安全重点单位的类型、分布及危险性等情况，确定本级预案制定范围、类型和对象，并制定工作计划和方案，报上一级单位备案。如预案制定对象在本轮制定过程中需要变更，制定单位应及时将变更情况报上一级单位备案。

### 2. 实地调研

结合辖区情况熟悉与防火监督检查工作，对预案制定对象进行实地调研，防火监督人员主要负责收集对象基本情况及相关图像资料，战训部门及消防救援站人员主要负责熟悉与核实相关情况资料。

### 3. 评估制定

对制定对象可能发生的各种灾情进行分析评估，明确重点部位，确定作战力量编成处置程序和技术战术措施，制定本级应急救援预案。

### 4. 检验修订

通过想定作业、网上推演、实地熟悉、实战演练、装备测试等方法，检验预案内容的针对性、合理性和实用性及时进行调整、补充和完善。

### 5. 审核备案

预案制定或修订后，应当由本级主官审定，并报上一级单位审核备案。

### 6. 预案更新

各级预案制定单位在辖区情况熟悉或防火业务办理时，如发现预案制定对象情况变更，应在发现变更情况后 20 个工作日内，对原有预案进行更新调整，并报上一级单位审核备案。

## 五、预案管理与应用

严格规范开展预案的日常管理工作，注重加强预案的实际应用是增强消防应急救援预案科学性、针对性、时效性的重要保障。

### （一）预案的管理

#### 1. 预案的数字化管理

各级灭火救援预案应以数字化预案的形式录入消防应急救援指挥系统，也可输出纸质文本进行活页设计并做防水处理，随车配备。各级队伍应在全勤指挥部通信指挥车、作战车辆上，配备具备数字化预案查询功能的移动终端（笔记本电脑、智能手机、IPAD 等），便于战时查阅。

### 2. 预案的制定与修订

在原有消防应急救援预案的基础上，总队每年应当制定或修订不少于 4 份跨区域应急救援预案，支队每年制定或修订不少于 8 份类型灾害事故应急救援预案，大队和消防救援站每年制定或修订不少于 30 家重点单位应急救援预案，确保每 3 年完成所有预案的修订工作。原则上，每年预案制定或修订对象应有所区别，重点单位若无调整应当及时更新、修订现有预案内容，报上一级单位审批、备案。

### 3. 预案的备案与审核

总队级预案每年 2 月底前报消防救援局备案；支队级预案每年 1 月底前报总队审核，2 月底前批准下发支队执行；大（中）队级预案每年 12 月底前报支队审核，次年 2 月底前批准下发大队和消防救援站执行。各级审核部门对审核通过的预案应统一编号。

### 4. 预案的检查考核

总队、支队应当成立专项检查考核组织机构，成员应由不同岗位业务骨干和战训中、高级技术人员组成，负责预案论证审核、检查督促工作落实。

各级消防救援队伍应当采取实地考核视频抽查等方式，加强对灭火救援预案制定工作的检查指导。总队每年、支队每季度、大队和消防救援站每月对所属部队至少进行一次检查考核。遇有重大节日、重大活动或者特殊情况时，应当组织进行专项检查，及时解决存在问题。

各级消防救援队伍应当将应急救援预案制定工作的考核结果，作为评估队伍战斗力的重要指标，纳入单位年度工作考核和评先评优的内容，严格考评标准，注重工作实效，各级消防救援队伍应当明确政工、后勤、防火监督部门职责任务，建立完善保障机制，做好战备思想教育、战勤保障、单位协调等工作，确保应急救援预案工作的有序开展。各级消防救援队伍应当及时总结和推广应急救援预案工作经验和做法，制定出台奖惩措施，对成绩突出的单位和个人予以表彰奖励，对组织领导不力，工作成效不明显的单位和个人予以惩处。

## （二）预案的应用

消防应急救援预案可分为平时应用和战时应用。

### 1. 平时应用

（1）加强辖区情况熟悉针对性

各级消防救援队伍应当通过网络访问，阅读消防应急救援预案，了解和熟悉消防安全重点单位情况和救援对策；应携带消防应急救援预案至实地熟悉重点单位，提高调查熟悉的针对性。

（2）提高战术训练科学性

借助消防应急救援预案设定的情况，处置措施，开展战术训练，掌握各类灾害事故救援对策与程序，提高消防员战术水平。

（3）增强预案的可操作性

根据预案实施演练，坚持预案的可操作性和各项应急救援准备工作的落实情况，对不能落实的及时调整。

**2. 战时应用**

（1）用于调动协同参战力量

在实战中，根据预案调集相关参战力量，各参战力量按照预案明确分工投入战斗，能够使力量调集迅速准确，现场作战协同有序，避免场面混乱。

（2）用于临场指挥

指挥员根据现场情况对预案做出调整和修改，便于决策，实施临场指挥。

（3）用于现场辅助决策

灾害事故现场千变万化，但各级指挥员和消防员应全面掌握救援预案中的战术原则、处置程序、参战力量、协同作战方式方法等内容，确保灾害事故的迅速处置。

# 第四节　消防应急救援战评

消防应急救援战评是指在消防应急救援实战或典型案例研究的基础上，结合消防救援队伍建设、业务训练、技战术应用等工作要求，运用案例研究的方法，对典型案例进行评析和总结，得出该类型灾害事故中消防应急救援工作的一般性、普遍性的规律。战评工作中，要坚决摒弃随意性、主观性强的态度，确保战评结果客观公正、实事求是，同时，坚持战评工作的经常性开展，是实现消防救援队伍应急救援水平整体提升的有效途径。

## 一、战评的原则

消防应急救援战评工作应当遵循"实事求是、每战必评、上评一级"的原则。

**1. 实事求是**

应急救援战评必须坚持实事求是的科学态度，体现应急救援过程的真实性；应坚持客观评价应急救援行动，既不夸大成绩，又不掩饰问题；应认真总结经验，深刻吸取教训，做到举一反三、以利再战。

### 2. 每战必评

每一次应急救援行动，无论时间长短、损失大小、参战力量多少、都有必要进行不同形式的战评，发扬成绩，纠正错误。对表现突出的先进集体和个人进行表彰、奖励；对战斗失误或违反纪律的行为进行批评、教育或处分，以不断提高消防人员的战术水平和作战能力，培养良好的战斗意识。

### 3. 上评一级

凡两个单位参战的战例和具有战评总结价值的典型战例都必须由上一级组织战评，特别是涉及奖惩的战例，应由上一级指挥机关审核资料，派员调查，便于掌握第一手资料，客观真实地予以奖惩。上评一级有利于更好总结推广经验，有利于发现纠正问题，能够起到事半功倍的效果。

## 二、战评的形式

战评的形式主要包括简要战评、专题战评和集中战评三种。

### 1. 简要战评

对参战力量较少、无人员伤亡、经济损失较小的一般战例，可随机进行战评。简要战评可结合有关会议点名、课前等时机组织实施。

### 2. 专题战评

消防救援队伍参加处置危险化学品泄漏事故、建筑坍塌事故、重大交通事故、重大自然灾害事故或参与重大群体性事件时，应及时组织开展专题性战评。

### 3. 集中战评

因多次参加应急救援行动而不便组织专题战评，或在短时间内连续发生类似事故的，可归类集中组织战评，亦可利用战例研讨班进行集中战评。

## 三、战评的内容

为确保战评工作的全面、客观，战评内容应包括力量调集、组织指挥、技战术运用、战斗作风、经验教训等五方面内容。

### 1. 力量调集

力量调集是指对案例中消防救援队伍受理报警、调度力量和力量出动等行为。战评时，要查看电脑接警记录，重点核实接警时间、第一报警人姓名和电话。检查处警原始影像或记录、录音，评判是否快速、准确、规范；要调看调度力量方案、力量派出时间，核对所调动力量出动录像，判断是否及时出动，是否符合调度方案或调度原则、规定；要抽查消防救援站到场时间，提问出动途中行车情况，核对行车速度、路程和到场时间。判断出动选择路线是否为最佳路线，是否以最快速度赶到现场等。

### 2.组织指挥

组织指挥是指案例中各级指挥员通过组织救援力量，实现决策目标和决策方案的过程。战评时，要通过原始录像、现场图、各阶段战斗部署图，了解力量部署总体情况，了解灾情侦察、初期到场时灾情情况、各阶段力量划分、重点目标和作战意图，评判是否把主要力量部署在现场主要方面，是否突出救人第一，先控制后消灭的战术原则；要了解各战斗小组位置、主攻任务及完成情况，评判力量部署的位置是否正确；要了解驾驶员车辆停靠、占领水源位置以及供水方式，评判供水方式是否正确有效，是否保持持续供水等；要了解第一到场指挥员和随后到场的现场总指挥员指挥位置、指挥手段、方式及效果，评判组织指挥命令下达及执行命令是否正确。

### 3.技战术运用

技战术运用是指在应急救援过程中，消防救援队伍各级指挥员和战斗员对战术意图、技术装备的知晓及运用情况。

战评时，要以提问、观察、分析等方式了解各级指挥员和战斗员对战术意图的知晓以及运用情况，评判战术意图是否清晰、运用战术是否正确以及运用的实际效果；要查看技术装备数量位置，工作时间、作用发挥及实际效果，评判技术装备调用性能发挥和最长工作时间、最大用水量以及维修保养情况；要了解评判固定消防设施的使用情况。

### 4.战斗作风

战斗作风是指消防救援队伍在应急救援过程中集体和个人的意志品质、必胜信心、战斗作风、心理素质和纪律观念等凝聚升华而成地一种内在的力量和战斗气质。

战评时，要通过原始录像、作战部署图，了解各自参战人员任务及完成情况；要事先分别找参战官兵和群众谈话、座谈，了解整个现场纪律作风情况，评判出遵守纪律、令行禁止、勇敢顽强、出色完成战斗任务的先进事迹；同时，要发现在纪律作风方面存在的不足和问题，为表彰先进，惩戒后进提供依据。

### 5.经验教训

经验教训是战评的重要内容，通过认真细致的战评工作，充分发扬民主，让官兵自己总结、评议。专家点评、领导归纳、形成共识、实事求是地总结成功做法；同时，要发现战斗中存在的不足和问题，针对性地提出改进措施。战评要求细而实，防止大而空，既要总结出经验教训，又要分清战斗得失。

## 四、战评准备

为确保战评工作的顺利进行，应做好资料搜集、资料准备、确定战评时间、确定参加战评人员等工作。

### 1. 资料搜集

应急救援行动结束后，战评组织实施单位应按照参战的最基层单位，逐级组织讨论，全面了解应急救援行动各个阶段的情况，必要时应对应急救援现场进行回访，在此基础上，形成对战评的总体意见，为战评总结做好充分准备。

### 2. 资料准备

在全面搜集资料的基础上，战评组织实施单位应形成初步战评总结报告材料，应包括详实的应急救援过程，绘制相关图表，整理能反映真实情况的照片、录像、课件等资料。

### 3. 确定战评时间

应按照充分、及时、合理的原则尽快确定战评时间，及时组织实施战评。组织实施战评的时限原则要求为：

（1）消防救援站组织的战评，必须在战斗结束后 3 日内实施完毕；

（2）大队组织的战评，必须在战斗结束后 5 日内实施完毕；

（3）支队组织的战评，必须在战斗结束后 7 日内实施完毕；

（4）总队组织的战评，必须在战斗结束后 10 日内实施完毕；

（5）消防局组织的战评，必须在战斗结束后 20 日内实施完毕。

### 4. 确定参加战评人员

参加战评人员应包括主持人、主讲人、点评人和相关参与人员。

主持人应是参加组织指挥作战单位主要（或分管）领导；主讲人必须是参加战斗单位或部门的主要指挥员；点评人应是具有应急救援指挥经验的领导或对某类灾害事故救援有专门研究的专家、技术人员等；相关参与人员应包括各级参战指挥员，战训、通信、调度指挥中心、后勤保障、装备、组教、宣传等部门的相关人员，以及地方、单位的有关领导及专业技术人员等。

## 五、战评实施

消防应急救援战评实施是指为完成战评工作而进行的各项活动。

### （一）战评的层次及组织形式

消防应急救援战评的组织实施层次一般分为消防救援站、大队、支队、总队、消防局五个层次。

### 1. 消防救援站战评

消防救援站单独执行的应急救援任务，由该消防救援站现场指挥员负责组织消防救援站全体人员或参战人员进行战评或讲评。

**2. 大队战评**

凡涉及两个或两个以上消防救援站力量参战的应急救援行动，由大队指挥员负责组织主管和增援消防救援站参战人员进行战评。

**3. 支队战评**

凡涉及两个或两个以上大队力量参战的应急救援行动或支队认为有必要开展战评的应急救援战例，参加战评人员由主持战评的领导确定。

**4. 总队战评**

凡涉及两个或两个以上支队力量参战的应急救援行动或总队认为有价值，有特殊性的应急救援案例，参加人员由主持战评领导确定。

**5. 消防局战评**

凡涉及两个或两个以上总队力量参战的应急救援行动或战例具有典型意义，消防局认为有必要进行战评的战例，由消防局领导或指派战训处领导组织有关专家进行战评。

## （二）战评的基本程序

战评的基本程序包括察看现场、观看影像资料、介绍情况、提问答疑、分析点评和总结报告等六个环节。

**1. 察看现场**

条件允许时，应组织参加战评人员察看现场，实地了解战斗现场的方位，建筑设施的结构、水源道路、地形地物等情况，了解灾害事故现场周边场地及消防设施。

**2. 观看影像资料**

通过观看现场原始影像资料，帮助参加战评人员回顾、了解战斗过程的真实场面，查对出动力量、战斗部署及组织指挥等情况。

**3. 介绍情况**

由主讲人详细介绍整个应急救援情况，总结基本经验教训，并提出启发性意见。

**4. 提问答疑**

战评主持人和相关部门领导，以及列席会议的相关人员，针对主讲人的情况介绍。向参战的官兵现场提问、核对有关情况，主讲人及其他参战官兵要就有关问题进行解答，并补充报告有关细节。

**5. 分析点评**

点评人根据掌握的资料，结合战评过程中的介绍、提问、答疑等情况，做出科学合理的评价，并提出总结性意见，形成战评结论。

**6.总结报告**

在战评的基础上，形成战评总结报告，报上级审核、备案；有立功奖励的还应形成专题材料，按审批权限报有关部门审批。

# 六、资料管理

战评资料管理一般包括资料整理和资料管理两项工作。

## （一）资料整理

完整的消防应急救援战评资料应包括总结报告、影像资料、课件资料等。

**1.总结报告**

主要由文字和图表两部分组成。文字部分应包括基本情况、战斗经过和经验教训或体会等，图表部分应包括现场基本情况平（立）面图、各战斗阶段力量部署图和供水保障图等。

**2.影像资料**

主要由能够反映应急救援现场的动态和静态的典型图片或视频资料组成。包括灾情发展和蔓延情况、主要力量部署情况、指挥部组成和工作情况，指挥员下达的重要命令及人员抢救、灾情处置等主要内容。

**3.课件资料**

主要由多媒体课件和影像资料两部分组成。课件要利用多媒体技术形象直观的体现战评内容，便于参评人员在战评时分析、理解。

## （二）资料管理

总、支大队应做好应急救援战评资料收集整理工作，按规定立卷、存档。条件成熟时可将应急救援战例汇编成册。

1.文字资料要建立专门档案，尤其是原始资料要装订成册形成案卷，专柜保管、专人负责；有长期保存价值的，要采取摄影、录像的方法，将文字、图表转换成照片、录像或数字化资料加以储存。

2.典型的影像资料可采用拷贝、制成光盘的方式进行储存。

3.档案资料的管理要制定查阅、移交、销毁等制度，并确定专人负责，以确保安全。

# 七、战评应用

科学规范的战评工作是提升消防救援队伍应急救援能力的有效途径，也是各部队实施奖惩的重要依据。

**1. 报功条件**

（1）各单位报功要以战评总结为依据，报功材料必须经上级部门审核后方能报批。

（2）凡要报功的集体或个人，必须有详细的文字材料和现场原始影像资料作依据；若无现场原始影像资料的，必须要有调查结论和证人证言作依据。

（3）凡大队以上单位申报集体立功的，如发现有单位值班指挥员没有及时到场、单位主要领导没有到场或集体事迹不够突出等情况之一者，不得报批。

**2. 惩处依据**

（1）在应急救援行动中，违反条令和相关规定的，按照有关规定给予惩处。

（2）在应急救援行动中出现严重失误或在执行其他勤务活动中有严重失职、渎职，造成重大损失和影响的，视情节轻重给予惩处。

# 第五节　消防应急救援执勤战斗保障

消防应急救援执勤战斗保障，是为确保消防应急救援持续作战能力，准确实施作战行动安全和顺利遂行应急救援任务，由指挥部统一计划组织的各种保障措施的总称。

执勤战斗保障是消防应急救援作战指挥体系的重要环节，是队伍战斗力的重要构成因素，是为应急救援行动提供基本技术、安全、装备、物资支持的行为。消防应急救援执勤战斗保障直接关系参战力量战斗力的生成与持续。

## 一、执勤战斗保障的分类

根据消防应急救援执勤战斗保障内容、保障主体和保障实施时段有不同的分类。

### （一）按保障内容分

可分为技术保障、物资保障、生活保障和社会联勤保障。

**1. 技术保障**

指对消防车辆、装备器材的现场抢修和维护保养。

**2. 物资保障**

指为应急救援行动提供的器材、药剂、防护装备、油料、被装等物资支持。

**3. 生活保障**

指为应急救援作战人员提供的饮食、防寒（暑）、卫生医疗等勤务保障。

#### 4. 社会联勤保障

指充分利用社会各种保障资源，建立协议联动机制和预案，实现信息、物资、技术等资源联勤保障。

### （二）按保障主体分

可分为自我保障、政府保障和社会保障。

#### 1. 自我保障

指由消防救援队伍为确保执勤战斗工作而独立实施的自我保障。

#### 2. 政府保障

指各级政府及各职能部门依据职责为应急救援行动提供的保障。

#### 3. 社会保障

指执勤战斗所需的装备、物资、技术等资源，消防救援队伍无能力解决或无法单独实施时，借助社会各行业、企事业单位和个人力量，实行社会保障。

### （三）按保障实施时段分

可分为平时保障和战时保障。

#### 1. 平时保障

指执勤战斗保障单位为确保应急救援行动顺利实施而进行的巡查服务、车辆维修、保养制度等系统性工作。平时保障是一项基础性、经常性工作。

#### 2. 战时保障

指消防应急救援行动过程中，执勤战斗保障单位按照预案随同展开，快速高效完成车辆器材抢修和燃油、灭火剂及器材补充供应等保障任务，保证灭火行动的顺利进行。

## 二、执勤战斗保障的特点

随着社会经济发展，消防应急救援行动呈现出涉及范围广、参战力量多、专业水平要求高的特点，对执勤战斗保障的依赖性越来越大，要求越来越高，执勤战斗保障总体呈现出复杂性、应急性、准确性、统一性的特点。

#### 1. 复杂性

灾害事故发生后，受时间、地点、气象、交通、地理条件、危害程度、地区供给能力等众多不确定因素影响，执勤战斗保障内容、形式多样复杂，特别是重特大灾害事故应急救援行动，作战时间长，参战力量多、物资消耗大，保障强度大，保障项目繁杂。

## 2. 应激性

灾害事故往往是突发性的，为了尽快控制灾害事故，要求消防应急救援执勤战斗保障必须快速反应、快速筹措、快速到位，在短时间内满足多方面需求。

## 3. 准确性

科学专业的消防应急救援行动要求合理调用各种保障资源，实施适时、适量的保障，确保保障内容准确、数量准确、质量准确、时机准确，最大限度地满足实际需求。

## 4. 统一性

为了形成整体保障合理，消防应急救援保障应在应急救援指挥部或者保障指挥机构的统一领导下组织实施，做到统一规划、统筹组织、集中协调。

# 三、执勤战斗保障的原则

消防救援队伍应当在政府统一领导下，坚持"自我保障与社会保障相结合、平时保障与战时保障相结合，逐级保障与交叉保障相结合，战斗保障与生活保障相结合"的原则，建立健全战勤保障制度，完善战勤保障体系，做好执勤战斗各项保障工作。

## 1. 自我保障与社会保障相结合

在保障的来源上，坚持自我保障与社会保障相结合。消防应急救援行动是公共管理的组成部分，应强化各级政府在执勤战斗保障中的主导作用，明确各部门、各行业、企业事业单位和个人的职责，形成开放性、多元化的消防应急救援执勤战斗保障格局。

## 2. 平时保障与战时保障相结合

在保障的组织上，坚持平时保障与战时保障相结合。通过平时编制执勤战斗保障预案，预置多种保障内容，整合执勤战斗保障所需人力、物力、财力资源，建立执勤战斗保障资源储备，扩大保障范围，为战时保障奠定坚实基础。通过战时保障，检验平时保障的成效，发现不足，及时调整，使平时保障不断完善。

## 3. 逐级保障与交叉保障相结合

在保障的供给方式上，坚持逐级保障与交叉保障相结合。消防救援队伍应根据隶属关系实施逐级保障，同时按照法律的规定，在政府主导下，明确有关单位和个人在执勤战斗保障上的责任，建立交叉保障机制、视情采用跨部门、跨行业、跨系统的交叉保障，丰富保障供给方式。提高保障的可靠性、机动性和快速反应能力。

## 4. 战斗保障与生活保障相结合

在保障的内容统筹上，坚持战斗保障与生活保障相结合。体现"以人为本"的理念，在确保战斗保障的同时，做好生活保障，综合考虑消防员作战、防护、生活等方面的需求，统筹搞好各项服务工作，优先满足作战一线消防员的生活需求。

## 四、执勤战斗保障的要求

执勤战斗保障应遵循消防应急救援行动的规律，应全面统筹人员、装备、物资、经费等各方面影响，做到"充分准备、迅速高效、灵活机动、综合统筹、讲求效益"。

### （一）充分准备

充分的准备是做好消防应急救援行动保障的前提。

#### 1. 事先准备

充分准备的基本要求就是事先准备。各级消防救援队伍要结合立足于本地区保卫对象的性质、灾害事故的特点、危害程度、救援行动要求等，事先制定针对性预案、提前做好人员、装备、经费、物资等各项保障。

#### 2. 主动准备

各级保障人员需要主动了解、掌握作战的意图和方向，了解作战的发展变化和可能出现的情况，从最困难、最复杂的情况出发。主动预测应急救援的保障需求，根据可能担负的保障任务，及时做好保障准备。

#### 3. 足量准备

执勤战斗保障资源的数量要充足，特别是技术专家、信息、装备、灭火剂等决定作战成效的重要保障资源，要在足量准备的同时适当留有备用。

### （二）迅速高效

是指在短时间内提供及时、充分的各项保障。与作战行动同步。

#### 1. 简化程序

保障任务确立后，要在事先准备的基础上，根据任务要求和职能分工，减少中间环节，简化运行程序，以简求快。

#### 2. 就近保障

调用的保障力量和保障物资的筹措地点应尽量靠近应急救援现场，通过缩短输送距离，减少运输时间，以近求快。

#### 3. 有序保障

要加强与各保障机构、网点的联系，掌握各类保障资源的动态信息。通过集约化管理，实现执勤战斗保障组织有序、筹措有序、供给有序、分配有序。

### （三）灵活机动

执勤战斗保障要根据现场需求及情况变化，及时进行调整，保持灵活机动。

### 1. 灵活部署

通过灵活部署保障力量，灵活调度保障资源和灵活制定保障方案，实现供求之间的有机结合，提高保障效益。当作战力量相对集中时，保障力量以集中部署为主，分散部署为辅；反之则以分散部署为主。当保障内容单一时，以自我保障为主，交叉保障为辅；反之则以交叉保障为主。当保障要求复杂时，以启动保障预案为主，临场保障为辅，反之则以临场保障为主。

### 2. 适时调整

保障人员应随时了解应急救援现场对保障的要求，根据应急救援现场的实际需要及可能出现的新情况和新问题，适时修订、完善保障方案，运用不同的保障方法，采取有效措施，以满足不同参战力量，不同作战阶段，不同战斗行动的需要。

### 3. 制定备选方案

应急救援指挥部应预备机动保障力量，制定多种备选方案。各级保障人员随时做好机动保障准备，应对随时可能发生的变化。

## （四）综合统筹

消防执勤战斗保障要统筹兼顾，突出重点。

### 1. 加强指挥

应急救援保障要靠前指挥，根据实际合理选择集中指挥、分散指挥、逐级指挥、越级指挥等保障指挥形式，保持保障的及时、准确、稳定和持续。

### 2. 着眼全局

应急救援指挥部要着眼于应急救援的全过程和整个战斗空间来实施保障。要立足于全局需要，准确预测保障内容，准确评估保障数量，综合运用各种保障手段和方式，调度所需保障力量，严格落实保障要求，实时监控保障全程，及时校正保障误差，发挥整体保障效能。

### 3. 确保重点

是指准确判断、区分应急救援保障中的轻重缓急，优先保障应急救援的主要方面，使保障与智慧相一致。在保障不足时，集中所有保障资源确保满足消防应急救援行动的关键、重点环节。

## （五）讲求效益

是指以尽可能少的人力、物力、财力，以最快的速度，适时、适量提供应急救援保障。在坚持作战效益优先的同时兼顾经济效益，克服应急救援保障中的盲目性和被动性。

**1. 根据需求确定供给**

保障必须服务和服从于应急救援的需要。是否正确满足应急救援的需求是检验执勤战斗保障工作成败的基本标准。根据辖区保卫对象和典型灾害事故种类，事先评估所需保障的种类、数量和要求；根据应急救援现场的实际情况，准确测定各种保障需求；根据各种需求的性质、作用、时限等，科学划分需求层次，确定需求重点和难点，集中优势保障资源确保应急救援的重点需求；靠平时储备解决难点，本着供需平衡的原则，将战时的保障寓于平时的储备中。

**2. 根据效益控制成本**

执勤战斗保障需要进行成本核算，以最小的支出实现最大的效益是执勤战斗保障追求的目标。执勤战斗保障的直接效益表现为对应急救援行动过程的支持程度，间接效益表现为对灾害事故危害的控制程度。执勤战斗保障的成本包括执勤战斗过程中的人力、物力、财力资源消耗及造成的人员伤亡等。根据效益控制成本，就是根据不同种类灾害事故的危害程度，评估控制该危害程度的效益，按照不超过效益的原则限制保障成本。

**3. 根据产出决定投入**

执勤战斗保障投入是指为实现保障目标而进行的人员、物资、经费等的投入，通常表现为资金的形式。从投入渠道看，执勤战斗保障包括政府投入、行业投入、企业投入等形式，其中政府投入占主导地位。执勤战斗保障的产出包括无形的社会安全效应、保护对象的价值和参战力量伤亡概率下降。根据产出决定投入，就是在进行执勤战斗保障投入时，应充分考虑投入客体（城市、地区、企业）的区域布局、火灾发生概率及其危害程度等因素，并尽量将执勤保障功能寓于其他用途之中，避免重复投入，提高执勤战斗保障投入的整体效益。

通过执勤战斗保障建设，各级消防救援队伍要达到在技术保障上，具备平时消防车辆、装备器材维修、保养和战时抢修能力；在物资保障上，具备灾害事故需用装备器材、灭火剂的平时储备与战时应急运送能力；在生活保障上，具备应急救援现场自我饮食保障或社会应急救援保障能力；在联勤保障上，具备通信共通、物资共用、资源共享的社会保障能力。

# 五、执勤战斗保障预案

制定消防应急救援执勤战斗保障预案是应对灾害事故、提高保障效率和建设应急救援联动体系的需要。执勤战斗保障预案分为政府总体保障预案和部门专项保障预案（如消防救援队伍保障预案）两类。

### （一）政府总体保障预案

政府总体保障预案一般包括以下内容：

#### 1. 保障种类和任务

按照灾害事故的种类、可控性、危害性、紧急程度和影像范围，明确不同种类、级别灾害事故所需保障的种类和任务。

#### 2. 组织机构与职责

明确承担各类保障任务的领导机构、工作机构及其职责、权限。涉及多机构协同的保障项目，需按照应急联动的要求，明确各保障环节的主管机构、协作机构、参与单位及各自职责。

#### 3. 预警与响应

明确不同种类、不同级别保障的第一响应机构及预警启动条件与程序；明确预警信息的发布方式和渠道及预警响应范围。

#### 4. 保障内容

明确各类保障项目的组织方式、实施步骤、人员调遣、物资调集等内容。

#### 5. 附则

包括预案制定与解释、预案实施时间、预案的修改等。

### （二）消防救援队伍保障预案

消防救援队伍应急救援执勤战斗保障预案是执勤战斗预案的子预案，是针对处置灾害事故过程中可能产生的保障需求而制定的行动方案。一般包括以下内容：

#### 1. 技术人员保障

包括应急救援行动所需的各行业、学科的专家等技术人员的技术专长、联系电话和地址、调度及出动方式。

#### 2. 情报信息保障

包括有关各类灾害事故的历史案例、基础数据和技术资料，处置现场的通信方式和设备信息获取、传递、发布的渠道及程序等。

#### 3. 消防装备保障

各种消防器材、灭火剂的数量与分布，可紧急调用的储备器材和灭火剂的储备点、种类、数量、调用方法；挖掘、起重、牵引、装载、运输、潜水等特种装备的所属单位、技术性能和调用方法。

#### 4. 卫生勤务

医院 120 急救站等卫生机构的分布、科室设置、联系方法。

**5. 饮食保障**

提供饮食的餐饮单位的联系方法及饮食运输等事宜。

**6. 物资和经费保障**

油料、被装等物资的补给方式以及大额经费的来源、筹措方式等。

此外，预案中还应明确上述保障科目的责任部门和责任人。

### （三）预案的管理

各级保障实施主体负责本级保障预案的管理，并根据规定将本级保障预案报上级审批或者备案。

保障实施主体机构根据预案做好常态下的检测预测、保障评估、资源储备、队伍建设、预案演练等准备工作。

制定有关评判标准，对设计部门和人员的预案落实工作进行检查、对照、评价和判定，根据结果采取奖惩措施。

每次实施执勤战斗保障后，对总体保障预案或专项保障预案进行重新评估和完善，进一步健全应急保障机制。

明确保障预案修订、完善、备案、评审、更新的程序、制度和承办机构。

### （四）预案的熟悉与演练

保障实施主体机构应明确各级领导，应急保障人员上岗前的常规性培训要求，将有关应急保障的内容纳入行政干部培训范畴；定期组织相关单位和个人进行应急救援执勤战斗保障的应用性训练和演习，明确参加演习的人员、内容、范围、场所、组织、评估和总结等，以整合各种保障资源，提高协同作战的技战术水平，并在此基础上修订保障预案。消防救援队伍应急救援保障预案的演练通常与综合实战演练结合进行。

# 第六节　消防水源

随着社会经济的发展，城市规模不断扩大，公共基础设施建设取得了长足的进步。新建设的卫星城、经济技术开发区等新城市街区，在建设伊始，无论从规划上，还是从用地规模和便利条件上看，都预留了充足的消防供水的消防水源。如临近河流、湖泊，伴随新道路、新建筑建设的市政消火栓、消防水鹤等消防供水设施，都为消防救援提供了保障有力的消防水源。

但是，尽管各地在公共消防设施建设上加大了投入，公共消防设施建设得到了进一步加强，但老旧街区消防水源不足的问题越发凸显。从建设之初缺少规划，到人口密集不便于大型消防水罐车通行，老旧城区的消防水源建设的问题亟待解决。按照消防水源原有的建设思路，可以利用天然河流、湖泊，可以规划建设市政消火栓管网，但是在老旧街区，由于城市已经建成并且投入使用多年，存在种种改造困难，如何才能采取一个对现有城市建设破坏小，建设周期短，投入使用行之有效的消防供水设施呢？值得我们研究。

## 一、老旧街区消防救援水源的现状

以北京市为例，在我国北方城市多为缺水的内陆地区，尤其是城市中心城区，缺乏天然的水源作为消防水源。很少有天然的河流、湖泊流经中心城区的老旧街区，这些老旧街区多为低矮的平房、胡同，集中了大量居民住宅，但是却匮乏天然水源，借助于河流、湖泊建设消防取水设施受自然条件影响较大，不具备推广使用的可行性。

主要表现在：一是老旧街区没有规划市政消火栓，胡同的道路下根本没有消防供水管网，狭窄的通行道路也不具备改造消防供水管网的条件；二是老旧街区现在地下空间的使用比较混乱，各种地下管网交错，甚至一些地下空间还要供地铁穿行，建设的条件比较严苛。三是市政消火栓目前是随着市政道路和新建建筑等进行铺设的，要在老旧街区接入市政供水管网，其距离主干道距离较远，需要通过现有建筑物等一系列桎梏比较繁杂。

## 二、老旧街区建设市政消火栓的桎梏

显然，老旧街区建设这些消火栓是解决消防供水的最优方案，但是由于市政消火栓的使用主体与建设主体的脱节，在现有法律层面的责权利不统一，导致了建设进展的缓慢。目前北京市市政消火栓的建设主体主要依赖自来水集体进行建设、维护和保养，但是使用主体是消防救援机构。历史法律的沿革，导致责权利需要进一步规范。

城镇公用消火栓的维修由自来水公司负责，管理与养护由公安消防和自来水公司共同负责。各消防中队和自来水公司要根据季节变化，定期或不定期对管区消火栓进行检查养护，如发现有损坏、漏水等情况，要及时组织修理。

但是在老旧街区部署市政管网难度十分大，目前老旧街区发生火灾只能采取消防车远距离供水的方式，严重影响火灾扑救效能。北京又是缺水地区，在老旧街区很少具备天然水源，因此找到替代市政消火栓的消防水源非常必要。

## 三、老旧街区建设地下干式消防供水管路系统的可行性

地下干式消防供水管路系统以300米长度为一个单元，共分地上、地下两部分。地上部分在街巷设置水泵接合器，管道进出水口径均为80毫米，接口用保护罩进行保护。地下部分管道内外径分别为100毫米和110毫米，并在进出口底部设置支墩加固，周边填充碎石保护管道。采用孔网钢带聚乙烯复合管作为施工管材。该管材是一种以冷轧钢和热塑性塑料为原料的新型复合压力管材，同时具备抗压、双面防腐性、耐高温等特点。

建设地下干式消防供水管路系统可以充分发挥使用主体的积极作用，形成部门联动的工作模式。在试点工作中，消防水源的使用单位区属消防救援机构多次与区城管委、财政局、市自来水公司探讨磋商，三方一致认为应组织权威部门专家对该工程管道选材、施工工期、预算费用等具体事宜进行专家评估。

## 四、老旧街区建设地下干式消防供水管路系统的作用

老旧街区自身的特点决定了无法利用天然水池、河水湖水进行灭火救援。老旧街区普遍道路狭窄，消防车无法通行，利用大型水罐车远距离供水很难第一时间到达火场；老旧街区多砖混结构平房，火灾荷载大；另外中心城区还有一部分文物古建集中在老旧城区，具有非常重要的保护价值，无可复制的历史意义。

北方地区在冬季时，室外气温普遍低于零摄氏度。消防栓系统普遍面临着防冻的技术难题，而采用地下干式消防供水管路系统可以有效解决管道系统防冻的难题，由于系统采取干式管道，在平时维护保养时，管道内部是没有水的。管道使用时，采取注水口注水的方式，在使用结束时排空管道内存水，因此，具有稳定的防冻性能，且铺设在地下，具备一定的保温性。

地下干式消防供水管路系统采用地上和地下同步施工，并且消防供水管路系统以300米长度为一个单元，施工更加便捷。地上部分仅在街巷设置水泵接合器，地下部分管道在进出口底部设置支墩加固，周边填充碎石保护管道。施工技术简单易行，施工周期短，但是丝毫不影响功能效果。管道内外径分别为100毫米和110毫米，采用孔网钢带聚乙烯复合管作为施工管材具备抗压、双面防腐性、耐高温等特点。在正常条件下，使用寿命可达50年，耐压试验40个大气压，1小时不破裂。

因此，采用地下干式消防供水管路系统建设作为老旧城区消防水源的应急建设措施不失为一种简便高效的手段。

### 1.农村消防水源建设与管理现状

近些年来，虽然我国农村经济发展比较迅速，生活条件得到了比较大的改善，消

防水源的管理与建设也得到了相应的提升，但是仍然有很多的地方存在许多的安全隐患，存在比较原始的易燃建筑物，在建筑物与建筑物之间没有相对安全的防火隔离带，建筑物与建筑物之间的间隙比较小，更重要的是缺乏水源，一旦发生火灾，就不能够进行及时的控制，这样就会使得火势迅速蔓延，并逐渐扩大成为灾难，给人们带来更大的经济财产损失。

**2. 当前农村消防工作存在的主要问题**

各级人民政府应当组织开展经常性的消防宣传教育，提高公民的消防安全意识。但对其履行宣传教育的方法、措施、经费、成效等问题则无明确的规定，导致出现消防宣传工作重视不够、研究不多、经费不足、工作投入不够等问题，消防宣传落不到实处，宣教工作效果不明显。而且，由于乡镇、村委会日常工作较为繁杂，对消防工作重视不够，认为只要不发生火灾就符合工作要求，不重视消防宣传，未认识到火灾预防的重要性，对提高农村居民的消防安全意识重要性认识不够。

一是农村消防基础设施薄弱。部分乡镇、农村没有符合规范的消防通道、设施和可靠水源，建筑耐火等级低，"火难防、灾难救"的现状客观存在。全市农村公共消防基础设施建设资金缺口较大，消防水源、消防车道、消火栓和基本灭火装备等公共消防基础设施存在不足。部分乡镇政府专职消防队工作经费保障不到位或没有与经济社会发展逐年同步提升经费的保障标准，专职队伍消防车辆装备破旧、器材数量不足、专职队员人数不够、办公条件差、待遇差等问题突出。绝大部分村（居）委会没有按要求建设微型消防站，未配备机动泵、消防水带、水枪等必备的消防设施、器材，初起火灾难以有效控制，极易扩大蔓延成灾。二是农村地区缺乏合理消防规划布局。部分乡镇未编制专业消防规划，已编制规划滞后于经济社会发展现状，且规划编制落实不到位，导致农村地区消防安全布局不合理，消防车辆通行困难，防火间距不足，公共消防基础设施建设存在欠账。三是消防监管和灭火救援存在盲区。农村消防工作点多、面广、线长、量大，公安消防监督机构和基层派出所消防警组警力严重不足，消防监管和灭火救援力量不能覆盖至农村地区，火灾发生后很难及时到达进行有效处置。

农村消防水源建设与管理缺乏专业性的消防队伍，并且在农村现有的情况下，农民对火灾不能够有足够的认识，这样对消防队伍的建设带来了很大的阻碍。

在一些地区即使有消防队伍，由于人们对消防意识比较的薄弱，很难使消防队伍发展，并且使其发展壮大。农村不能够组建消防队伍存在着各个方面的原因，首先农村对消防资金的投入量不够，没有充足的资金支持，就很难展开工作，不能够实现消防队伍的可持续建设，阻碍消防队伍的生存与发展。其次，义务消防队伍的管理制度存在不合理的地方，现在各个地方都有各自的消防管理制度，不能够完全统一，对消防人员的管理比较松散，没有严格意义上组织火灾救援活动，都是一些自发式的活动，消防人员变动的频率比较频繁，没有固定的人员安排，这样就很难组建有消防知识的人员，并且新组建的消防人员的责任意识不强。这些问题的存在一定程度上影响了农村消防水源的建设。

"预防为主，防消结合"的消防工作方针和以消防安全责任制为核心的各项消防安全工作的具体政策，是保护人身、财产安全，维护公共安全的重要措施。所以，进行农村消防宣传，首先应当进行消防工作的方针和政策教育，这是调动群众积极性，做好消防安全工作的前提。

农村消防水源的建设主要是服务于农村的，就需要在建设的过程中积极地引导群众自主参与到消防水源的建设。让群众都能对消防水源有一定的了解，这样不仅仅在建设过程中能够有效地提高群众的知识文化水平，增进与群众之间的关系，而且更有利于以后对消防水源进行维护，村民对自己的村庄比较的熟悉，这样就会很容易的来设置消防水源的口，保证整个村子水源充足，一旦发生火灾的情况下，就可够保障整个村子的消防安全。在农村消防水源建设完成以后，群众参与到消防水源建设过程中，就能够在以后的消防管道和消防栓进行定时保质的维护和管理，这样一旦消防基础设施出现故障，出现火灾时，就不会由于没有人来对基础性的消防设施来进行维护而造成更严重的火灾，给人们的生命财产带来更大的经济财产损失。让群众积极参与，让群众更强的增加消防意识，群众的消防意识的增强在农村消防建设过程中起到了不可忽视的作用。

农村消防水源建设和管理能够比较顺利的进行，就需要有足够的经济保障。当地政府应该将消防预算纳入经费预算中来，建立并且完善农村消防水源建设和管理的经费保障机制。充分调动其他部门协同合作，积极优化相关的制度政策，鼓励村民积极参加模拟消防活动，多做一些消防公益事业，并且还应该积极拓展消防资金来源的渠道。

一是加强农村消防基础设施建设。在实施各项民生工程改造过程中，有条件的地区应将消火栓作为建设重点；既无消火栓又无水渠等基础设施的，按照消防水源全覆盖的原则，新建（补建）消防水池，解决急需消防水源问题。二是组建微型消防站。要按照公安部关于微型消防站建设的标准要求，整合资源，规范微型消防站建设模式、数量和装备等，借鉴全省先进地区经验做法，由市政府统一出资，一次性完成全市所有行政村（社区）微型消防站建设任务。同时，各乡镇要巩固和加强乡镇政府专职消防队建设工作，确保经费、装备、人员、办公场所等软硬件措施保障到位。

# 第四章  消防指挥调度

对于一个城市而言，无论交通、公安、消防、城市管理，如果能够建立一个集通信、指挥和调度于一体的远程指挥中心，那么在处理城市的突发公共事件就能起到关键性的决策指挥作用。本章将对消防的指挥调度内容进行分析。

## 第一节  大数据背景下如何提升消防指挥调度效能

大数据时代的到来与发展，对各领域都产生巨大的影响，利用计算机技术，能够全面提升信息资源管理水平与效率，扩大计算机技术应用范围，在各领域中充分发挥出自身的重要作用与价值。尤其是对消防领域的发展，可利用大数据不断提升消防指挥调度效能，对大数据功能、特点与消防指挥调动工作内容的综合分析，完善消防指挥调度体系与管理制度，使消防指挥调度体系与管理制度全面落实到各项工作环节中，确保各项工作都严格按照相关标准制度的实施，从而提升消防指挥调动效能。

### 一、大数据对提升消防指挥调度效能的影响

大数据包含多种数据处理功能，对各类功能的应用，都不是常规软件所能代替的，不仅可以在规定的时间内对信息数据采集、整理、储存等，而且还可确保信息资源的准确性与完整性。大数据广泛应用在各领域中，主要是其自身的特点与优势，主要包括：数据体量大、数据处理速度快、数据真实性高、数据类别大。那么在消防指挥调度系统中的应用，能够以消防指挥调度工作内容与需求全面分析，首先，能够针对现代化消防指挥调度系统建设，无论是信息技术的应用，还是电子技术的应用，都可为消防指挥调度效能的提升提供有利条件，对我国现代化社会的可持续发展奠定良好基础，促进我国现代化城市向"智慧城市"方向发展。在消防指挥调度工作开展与实施的过程中，需要确保对所有类型信息数据进行整合与统一管理，加大对信息资源的探究力

度，挖掘出信息资源更大的应用价值。其次，基于大数据时代背景下，可对消防调度指挥工作制定完善的方案与策略，从而为消防救援计划提供重要信息依据，加大对人们生命安全与财产安全的保护力度，推动我国消防事业的可持续发展。

## 二、大数据背景下消防指挥调度工作相关问题

### （一）决策分析能力不够

结合目前消防指挥调度工作实施情况的全面分析，基于大数据背景下，虽然可以利用大数据的优势，对各类信息数据做出分析，为警情研判起到良好的作用，但是在后期工作中，还展现出信息数据利用不足的问题，仅仅知道对大数据的应用，对信息数据的分析，但是却没有对各类信息数据价值分层挖掘，没有明确的分析主题，使各类信息数据都在消防指挥调度工作中随意交换应用信息资源的同时，也造成一些信息资源的浪费。例如：对火灾起数、类型、火灾形势、地区自然条件、城市经济水平等关系分析，没有充足的掌握与全面的了解，使消防指挥调度工作中的信息数据价值未充分发挥出来，也就出现了决策分析能力不足的问题，如果忽视对此问题的分析与解决，会对消防指挥调度工作效能的提升产生不利影响。

### （二）缺乏完善的联动机制

在消防指挥调度工作中，联动机制对各项工作的开展与实施有一定的影响，结合目前消防指挥调度工作实施情况分析，所具备的联动机制还有待于完善，一方面，消防队伍日常监控、预警、报警等所产生的相关信息数据，需要采集，但是各类信息数据的种类不同，所涉及业务部门、级别层次比较多，负责信息数据采集的工作人员自身专业水平与综合能力不足，人员频繁流动，使信息数据的采集工作质量不佳。严重的还会出现信息数据混乱、不准确等问题。另一方面，各部门的管理系统是分散的、独立的，信息数据的传输与共享还存在不及时的情况，使各部门之间的协作配合还有待进一步地研究与提升。

### （三）指挥体系实施力度不足

近年来，随着应急救援综合指挥调度系统、灭火救援指挥调度系统等业务的开展与实施，对大数据的正确应用，积累了丰富的信息数据资源，对各项工作产生巨大的影响。但是在对各类信息数据资源进行实际应用的过程中，还是会受到信息数据分布分散形式的影响，使大数据的优势逐渐发展为"简单化的计算机"，只是对一些信息数据资源的搜集、储存、应用，缺乏实战推演与作战编成，不具备一键式调派、模块式出警等功能，使火警实战调派中，依然会发生指挥员临时、随机处置等情况，严重影响消防指挥调度工作质量，对消防指挥调度效能的提升造成阻碍与影响。

## 三、大数据背景下提升消防指挥调度效能策略

### （一）科学处理信息数据，扩大应用范围

信息化时代的发展，扩大了信息化技术的应用范围，适合应用在各领域的发展中，可根据各领域的发展需求，对相关信息数据的科学处理与分析，尤其是对消防系统作战能力的提升具有重要的指导作用。对此，还需要消防事业单位能够提高重视度，加大对其的应用力度，确保对各类信息数据的搜集、整理、储存等，发挥出大数据的应用力度，把所搜集到的信息数据科学分析，转化为指挥消防调度信息，为消防事业单位重大决策的制定提供重要信息依据。与此同时，大数据所具有的处理作用与分析作用，可分析出消防救援方案所存在的问题与不足，帮助相关工作人员具有针对性地分析，明确引发问题的具体原因，从而采取科学措施进行有效解决，避免对消防指挥调度效能的提升产生不利影响，突出大数据的优势与价值。

### （二）资源共享平台的建设，提高资源利用率

提升消防指挥调度效能，对大数据的应用，最主要的还需对信息资源共享平台建设，可确保各项工作都在系统内开展与实施，并且还可以把各项信息资源都记录、储存到信息资源管理平台中，各部门及人员会根据工作需求，对相关信息数据查找与应用，降低各项工作的实施难度。那么对资源共享平台的建设，最主要的目的就是对信息资源的共享应用，首先，是对消防部门各项业务的综合分析，把所有信息数据进行分类储存与管理，加大软件开发力度，例如：化学危险品、物联网系统、视频监控系统等，可在信息数据共享应用的过程中，帮助各项工作提高效率与质量。同时，还对相关工作人员的专业技术水平与综合能力提出更高的要求，结合消防指挥调度工作内容与要求，制定完善的管理制度，加大对管理制度的实施力度，使其应用到各项工作环节中，能够对各项工作合理化地管理与约束，提高相关工作人员的责任意识，尤其是对信息数据的录入，确保信息数据的完整性、准确性，有效避免人为因素对信息资源准确性的影响，进一步提高消防指挥调度性能。

### （三）提高应急联动重视度，降低经济损失

基于大数据时代背景下，为促进我国消防事业单位的稳定发展，还需要我国政府及相关部门加大重视，结合消防指挥调度工作需求，为其提供帮助，可对消防队、微型消防站等加大建设力度，有充足的建设资源，对现代化通信网络、设备的引进，扩大网络覆盖范围，不断扩大通信网络系统的应用领域，为单位微型消防站与专职消防作战指挥系统提供有利条件。例如：在日常生活中，引发火灾事故的影响因素比较多，并且具有不确定性，需要消防部门及时进行现场救援，到达现场后，各方人员都会根

据个人的工作岗位与内容迅速参与到火灾救援中。而其他辅助消防作战单位，能够通过通信网络系统了解到火灾位置与严重情况，及时制定辅助消防作战方案，为火灾现场的救援提供更好的帮助，从而可提高消防指挥调度力量，能够在最短的时间内高效率地完成火灾扑救，确保人们生命安全与财产安全，降低各种经济损失。

### （四）智能分析匹配系统，提高综合作战能力

消防指挥调度效能的提升，对大数据的合理应用，加大对智能匹配系统的建设力度，以满足消防业务基本要求为基础，创新出一键式调派、模块化调度功能，既能够提高消防指挥调度工作效率，又确保现代化社会的稳定发展。对智能分析匹配系统的建设，首先，要考虑到各类型预案设计与力量调度等级，能够确保各项业务工作的融合发展，可在融合的过程中，及时发现各项工作需要改进与提升的地方，确保各项工作都充分发挥出重要作用与价值。例如：对灾情警报相关信息数据的获取，可以选择对手动输入方式与自定输入当时的对比分析，确保调配灭火力量的科学性，能够对手动输入方式不断优化，促进其智能化发展。其次，对消防作战人员编制模块化的建设，在建设的过程中，需要对各项工作及人员实际情况全面分析，引进定位系统、生命体征传输系统等先进装备，可有效缩短救援时间，确保人们的生命财产安全，提高综合作战能力。

# 第二节　信息化技术在消防调度指挥中的应用

对消防工作的整体情况予以分析可知，其中非常关键的组成部分是消防指挥调度，因而要通过有效措施来确保此项工作做到位。全国消防救援队伍在不同地区均采用集中接警和区域独立接警消防指挥中心平台，其承担的主要职责是合理调度各项资源，并对重特大安全事故造成的负面舆情予以处理。相较于国外先进国家，国内的消防指挥中心在信息化建设方面有很大的提升空间，虽然经过数年的努力提高了信息化程度，然而存在的问题依然是较多的，这就使得指挥调度的实效性大打折扣。现阶段，消防救援队伍所要面对全灾种、大应急的工作任务，这就要求消防指挥中心的建设工作必须加强，紧跟社会前行的脚步，建立起完善的消防指挥体系。

## 一、目前信息化消防指挥中存在的问题

### （一）消防指挥系统的管理程度较低且系统没有统一规范

在我们国家，消防指挥系统呈现出类型众多、功能重复的状况，而且不同系统

执行的标准也有明显的差异，导致此种情况出现的原因主要为对消防指挥系统进行开发的过程中，基本的需求调研未能做到位，使得系统功能的实现未能得到明确，而表现出的功能实用性不强。有些部门在对系统进行信息化升级时显得过于随意，开发目标不够清晰，导致软件系统无法和硬件相匹配，系统无法兼容。国内的消防指挥系统开发标准暂时没有建立起来，不少的系统开发工作针对的只是一种功能，使用中需要对其功能进行拓展时却出现很多问题，甚至要重新研发，这就使得资金投入大幅增加。另外，在消防指挥系统投入使用后，后期的维护、管理没有做到位，这对系统运行产生的影响是较大的，信息数据的收集无法顺利完成，数据丢失时有发生，使得不安全因素大幅增加。正因为存在上述问题，所以消防指挥系统的管理水平难以真正得到提升。

### （二）各单位之间基础建设水平不均衡、数据不互通

我们国家幅员辽阔，不同地区间的经济实力存在差异，因而在展开消防指挥系统建设工作时投入的资源明显不同。在经济发展较为缓慢的地区，硬件设施过于老旧的情况也是常见的，软件不兼容时有发生，这就导致软件系统无法更新，相关数据也很难实现共享，一旦发生大警情、大灾情时，应急救援的效率就会受到影响。另外，在对系统进行开发的过程中，由于开发标准并未统一起来，这就使得不同系统依据的标准存在差异，而且系统间被完全隔开，无法产生整体效应。在对系统进行维护、管理上达不到要求，开展抢险救援工作的过程中难以实现对相关信息的共享，从事调度、指挥工作的相关人员能够获得的数据信息非常有限，这就使得消防系统难以发挥出功用，各方力量未能实现科学调度。

### （三）信息化应用的深度不够

部分消防指挥中心已经建立起了应用系统，通过其后台运行可以使得信息存档更为简便，并可适时对各项信息予以更新，在调派车辆和人员时就可获得可靠的依据，合理性也会大幅提升。然而这个系统的作用不止于此，而且其智能化程度相对较低，因为所需数据并不齐全，这就导致事故处置方法的总结、对比工作依然需要通过人工方式完成，结果显得不够精准，而信息技术在迅捷、客观、准确等方面的优势未能真正发挥出来。

## 二、信息化技术在消防调度指挥中的应用探究

我们国家的消防调度指挥中心在当下必须解决的问题是提升信息综合分析能力，强化 AI 智能的应用等，如果相关问题得不到有效解决的话，消防调度指挥就难以实现稳健发展。

## （一）开发使用灾害预警系统

对三维图像模拟技术予以充分利用，切实完成好监控、更新等工作，保证消防重点单位、各类监控设备处于控制范围中，并能够切实了解区域地形、建筑结构、设施分布、危险品分布、水源分布等方面的信息，这样就可使得监控的时效性大幅提高，尤其可以保证重点监控目标顺利达成。另外，通过此项技术还可使得监控过程中产生的相关数据集中起来，在整理之后输入到系统之中，这样就能够高效完成分析工作，并得出准确判断，如此就能够在事故发生前发出警报，指定专门人员对安全隐患进行详细排查，并及时予以消除，如此就可使得安全事故的发生概率大幅降低。

## （二）提升科学调派和社会联动水平

对过去已经发生的灾害事故展开分析是很有必要的，在分析的过程中对三维实景地图加以利用，可以了解救援力量的实际分布状况，在此基础上就能够确保出警力量的调配是最为合理的，而且能够将所需专业装备的类型、数量予以提示，完成行驶路线的设定，其智能化程度是较高的。在获取灾情的相关数据后就能够对发展趋势进行预判，进而依据需要跨区域调动力量，只需要将命令发送至联动单位，就能够保证现场救援力量满足需要。除此以外，还可依据现场状况对人员、单位、设备等进行协调，比方说，现场有人员伤亡，则会指挥120急救中心抵达现场救援；现场存在危险品、化学品的话，则要联系相关专家，并调派适用的大型设备。如此可以使得救援力量工作效能大幅提升，发生人为失误的概率切实降低，社会联动效率自然就可得到保证。

## （三）对现场指挥的智能辅助

作战预案的生成呈现智能特征。指挥系统在收到事故报警之后能够立刻对灾害进行判断，同时针对相关数据展开全面分析，在此基础上就可提出专业程度较高，且更具实效性的处置预案，这对现场指挥能够起到促进作用。

对现场处置监控系统的相关功能予以充分利用，获得大量的现场数据，继而利用综合处理平台完成分析、计算等工作，这样就可完成指挥工作的评估工作，进而依据现场现状提出效率较高的处置措施，保证现场采用的处置对策是科学的，而且能够真正执行到位。

实现指挥中心的远程指挥，为每个处警单位、每名战斗员配备先进的图传设备，将现场处置过程的视频实时传输至后方指挥中心，使专家团队及时了解现场情况，协助进行远程指挥。

# 第三节 消防灭火救援指挥调度系统的设计与实现

## 一、系统的相关技术

### （一）MVC 设计模式

MVC 是"Model-View-Controller"的缩写，意为"模型 - 视图 - 控制器"，它由三部分组成：

模型：相当于数据库应用，用来存储应用的状态，是程序的主体部分。

视图：用页面的方式将应用展现在用户面前。它不进行实际业务处理只是接收用户输入的数据。

控制器：将用户的输入提交给特定模式，然后再解释用户输入，将结果返回给视图。

MVC 可以减少数据表达，增加代码误用率，从各种数据中分离出来，改善统计设计。模型、视图和控制器之间都有一定的关系和他们之间的主要功能。

#### 1.J2EE 与 MVC 的组合

J2EE 按功能划分组件并且分布在不同的机器上，SUN 公司设计了 J2EE 是为了解决 CIS 的弊端。在传统模式中，客户端由于担当的角色过多就显得臃肿，但是不容易升级，而且也不易伸展。J2EE 将两侧模型中的不同层面分成很多层，一个多层化的应用可以为不同的服务提供一个独立层。

客户层组件：J2EE 是基于 WEB 方式和传统方式的。

业务层组件：可以用来满足银行、零售和金融等特殊需求。enterprise bean 从客户端是如何接收数据的，并且进行数据处理发送到层存储。J2EE 可以配置 WEB 组件和 enterprise bean 组件，这种配置好的组件只有被授权的用户才能访问它，每个用户属于一个角色，每个角色都赋予一定的权限，只能允许用特定的方法激活它。这种方法不需要用安全性规则去约束。

J2EE 的事务管理指定事务中所有方法之间的关系，这些方法当成一个单一的单元。当客户端激活 enterprise bean 中的方法时，容器就会管理事务。

J2EE 远程连接的模型用来管理客户端和 enterprise bean 之间的交互，当创建出一个 enterprise bean 后，客户端就可以调用它，并且像在虚拟机上一样。生存周期管理用来管理 enterprise bean 的创建和迁移，一个 enterprise bean 的生存周期有很多种状态。容器创建 enterprise bean 并且移动，就可以从容器中移除掉它。容器可以在后台执行它。数据库连接池是一个很有意义和价值的资源信息，如果想获取数据库的连接，是一项很艰难和耗时的工作，而且需要连接的数量也很有限。容器通过连接池缓和这些问题。

在企业级 WEB 应用实现中，是将 J2EE 和 MVC 相结合使用的，JSP 是针对视图 VIEW 的，用 JSP 和外界交互应用系统中，实现开发人员用少的编程技巧来开发网页，使开发人员主要进行设计而不是数据的来源和逻辑。

WEB 应用程序中使用 MVC 设计模式，流程如下：HTML 或 JSP 向服务器提交的时候，服务器端将统一处理这些请求。这个控制器在提交作业的时候，将请求传递给业务操作进行处理，然后又将作业结果传递给视图 JSP，视图在服务器上处理以后再返回给客户端。

### 2.Acegi 概述

安全系统中有一种叫 Acegi，是一个安全框架，能够和 WEB 容器集成 P0。它可以提供认证和安全的服务，用来拦截和编程。使用 Acegi 可以提供安全需要，这些包括在认证方面和授权方面。所谓认证就是确定合法的身份。Acegi 没有角色和用户这样的概念。

大多数的系统安全包括：确定合法的用户和需要认证的用户，然后进行安全保护，相应的对大多数的系统安全包括：确定合法的用户和需要认证的用户，然后进行安全保护，相应地对业务层也进行安全保护。

Acegi 主要由安全管理的对象、安全控制的对象和拦截器组成。其中，安全管理对象是系统能够进行安全控制的一个实体。拦截器是 Acegi 的一个重要组件，其功能是用来控制对请求的拦截，针对不同的安全对象请求不同的拦截器拦截。

## （二）J2EE 概述

为适应目前企业越来越需要扩展业务范围、缩短延迟时间、降低成本等需求，寻求一个适合企业的开发软件非常重要。J2EE 平台技术为企业应用的设计、开发、集成以及部署提供了一条基于组件的实现途径。J2EE 平台为您提供了一个多层次分布的应用设计模式，具有重用组件的能力，统一的安全模式，灵活的交易控制。你不仅可以把全新的客户解决方案用比以往更快的速度推向市场，而且平台独立、基于 J2EE 组件的解决方案将使你的产品不绑定在任何一个厂商的产品和 API 上。J2EE 技术的基础是核心 Java 平台或 Java2 平台的标准版，J2EE 不仅集成了标准版的许多优点，例如方便存取数据库的 JDBC API 以及在网络上保护数据的安全性，同时提供了 EJB、API、JSP 等技术支持。

### 1.J2EE 核心技术和优势

J2EE 定义了技术的标准，符合 J2EE 标准的开发工具的 API 为开发企业级应用提供了技术支持。

（1）J2EE 技术的核心思想是组件应用。每个组件又提供了方法、属性和接口。

（2）Servlets 和 JSP：Servlets 用来生成动态的页面或接收用户的请求产生相应的操作。JSP 基于文本，通过容器产生相应的 Servlets，使得内容和显示分开。

（3）JDBC（Java Data Base Connectivity，java 数据库连接）是一种用于执行 SQL 语句的 Java API，可以为多种关系数据库提供统一访问，它由一组用 Java 语言编写的类和接口组成。JDBC 提供了一种基准，据此可以构建更高级的工具和接口，使数据库开发人员能够编写数据库应用程序。

（4）EJB：EJB 实际上是 SUN 的 J2EE 中的一套规范，并且规定了一系列的 API 用来实现把 EJB 概念转换成 EJB 产品，EJB 是 BEANS，BEANS 是什么概念，那就是得有一个容纳她，让她可劲折腾的地方，就是得有容器，EJB 必须生存在 EJB 容器中，这个容器可是功能强大之极！她首先要包装你 BEAN，EJB 的客户程序实际上从来就不和你编写的 EJB 直接打交道，他们之间是通过 HOME/REMOTE 接口来发生关系的。

（5）XML：即可扩展标记语言（Extensible Markup Language），它与 HTML 一样，都是 SGML（Standard Generalized Markup Language，标准通用标记语言）。XML 是 Internet 环境中跨平台的，依赖于内容的技术，是当前处理结构化文档信息的有力工具。数据的语言有好多种，其中 XML 是一种简单的数据存储语言，可以用方便的方式建立，尽管 XML 所占用的空间比二进制码数据所占用的空间大，但是 XML 很容易掌握和使用。

不需要重新定制方案，而是利用现有的企业信息系统的投资，以逐步推进的方式与现有服务器连接。J2EE 可以利用现有用户的投资，J2EE 拥有很广泛的业界支持和一些重要企业的参与。在任何操作系统和硬件配置上，J2EE 平台的产品都可以运行。

J2EE 允许公司把一些通用的、复杂的任务交给供应商完成。这样，开发人员主要集中精力在创建商业逻辑上，缩短了时间。中间商提供了一些服务状态管理，服务不要关注管理的状态，以很少的代码完成程序的开发。持续性服务开发人员直接就可以编写应用程序，不用对数据进行访问，生成与数据库无关的请求对数据进行访问，生成与数据库无关的轻巧的应用程序，易于维护。分布式共享数据服务提高系统开发的性能和伸缩性。

J2EE 的应用程序不依赖任何特定操作系统、软件、硬件。因此，利用 J2EE 需要一次就可以部署到各种平台上。J2EE 允许客户与 J2EE 兼容的第三方组件，把他们部署到异构环境中，节省了费用。

企业需要一种提供可伸缩性的可以进行商业运作的大批新客户的服务器平台，基于 J2EE 平台的应用程序部署到操作系统上。允许多台服务器集成的部署，这种部署达到数千个处理器，实现高伸缩的系统，满足商业需求。

一个服务器平台必须全天候地运转才能满足公司客户和合作者的需要，这是因为互联网是全球化的。如果夜间意外停机就可能造成严重的损失，甚至引起灾难性的后果。J2EE 部署到操作系统中，可以支持长期的可用性。

## 2.Spring 组成

Spring 是一个一站式框架，其核心是控制反转，设计模式降低了类和类之间的耦合度，改变了传统意义上的对象的创建方法，实现了另一种管理方式，它负责对象的管理。

Spring 还提供了事务管理的功能，它可以提供一个统一的编程模式，还提供了 JDBC 应用，而且还和其他框架结合，提供了灵活强大的 WEB 框架。

（1）Spring core：提供基本功能，是将应用程序和一些规范与程序代码分开，用反转模式。

（2）Spring context：是一个配置性的文件，是为 Spring 提供信息。

（3）Spring Web 模块：建立在应用程序上下文模块的上面，它简化了将请求参数绑定到对象的工作。

## （三）UML 概述

UML 是一种可视化的图形符号建模语言，利用它可以进行需求分析、概要设计、详细设计、编程实现，测试等，主要用于用例图、时序图和类图的设计。很多系统都是用 UML 进行系统建模，学习和使用 UML 是一种必然和潮流。我国软件业也对 UML 相当关注，而且，UML 符号集只是一种语言而不是一种方法学。这点很重要，因为语言与方法学不同，它可以在不做任何更改的情况下很容易地适应任何公司的业务运作方式。它就不需要任何正式的工作产品。而且它还提供了多种类型的模型描述图（diagram），当在某种给定的方法学中使用这些图时，它使得开发中的应用程序的更易理解。

UML 的内涵远不只是这些模型描述图，但是对于入门者来说，这些图对这门语言及其用法背后的基本原理提供了很好的介绍。通过把标准的 UML 图放进您的工作产品中，精通 UML 的人员就更加容易加入您的项目并迅速进入角色。最常用的 UML 图包括：用例图、类图、序列图、状态图、活动图、组件图和部署图。UML 关键是使用简明、准确地建立模型。通常用 UML 进行用例图、类图、时序图、活动图、组件图的设计和建模，很好地描述软件对象和建立软件模式。将用户业务需求映射为代码，能很方便的回溯用户需求的整个过程，将软件开发的整个过程从需求分析到系统实现描述的非常清晰。UML 通过各种联系和每个模块有机的进行联系，组合成一个完整的结构模型。同时，UML 提供了各种图形，并且将这些图形元素进行了可视化，使得用户很容易掌握和很清楚的表示模型。

### 1.UML 组成

UML 由视图（View）、图（Diagram）、模型元素（Model Element）、通用机制（General Mechanism）等几个部分组成。

视图：视图只是表达系统某一方面特征的 UML 建模组件的子集。视图的划分带有一定的随意性，但我们希望这种看法仅仅是直觉上的。在每一类视图中使用一种或两种特定的图来可视化地表示视图中的各种概念。

模型元素：包括类、对象、接口和消息，还包含事物和事物之间的联系。事物是 UML 的组成部分，代表任何定义的东西，将事物相互连接起来组成了结构模型。每个模型都有对应的图形元素，因为图形表示比较直观。常见的联系包括依赖关系、聚合关系等。可以在不同的图中使用同一个模型。

通用机制：用于表示注释、建模等的语言，UML 还可以进行机制的扩展，使得 UML 适应特殊的用户。

UML 有图组成的，包含 9 种类型的图，但重要内容由五类图定义：

首先是用例图，以用户为角度，描述出系统的各个功能。

再者，是静态图，有类图、对象图和包图。其中，类图是静态结构的，定义了系统中的类和各类之间的关系，还包括类的内部结构。类图定义的是一种静态关系，而且是有效的。对象图是类图的实例，与类图有相同的标识。不同之处在于，对象图显示多个对象实例。

还有一种是行为图，是系统组成对象和动态模型交互的关系，状态图是类图的对象，也是它的补充。在用的时候，不需要对所有的类图画出状态图，而是为仅有多个状态的行为受外界的影响而发生改变的状态图。

第四类是交互图，它描述的是对象之间的交互关系。里面的顺序图显示出了对象之间的合作关系，它强调对象之间的发送消息的顺序。

软硬件的物理体系结构用配置图定义，它显示了计算机和它们的设备之间的连接关系，也显示了部件之间的依赖性。从应用角度，系统设计首先要描述系统的需求。根据需求建立系统的静态模型，描述了系统的行为。

### 2.UML 建模机制

UML 的建模机制有：静态建模机制和动态建模机制。静态图包括了类图、对象图和包图。类图描述的是静态结构，定义了系统中的类和它们之间的关系，比如关联、依赖等。动态建模机制包括协作图、状态图、顺序图、类图和活动图。

UML 是以面向对象图的方式描述任何类型的系统，应用领域很广泛，建立软件系统的模型是最常用的，也可以描述非软件领域的系统，比如：企业机构方面、机械制造方面和业务流程过程，还可以处理复杂的数据信息，要实时，要求其工业过程等。

UML 是一个通用的建模工具语言，可以对任何的静态和动态行为都可以进行建模。就目前为止，UML 的建模工具很多。在对用户进行需求分析的阶段，可以用用例图表示用户的需求。用例图建模后，可以描述出外部角色和系统功能。分析阶段主要对问题域的对象建模，不需要对软件的细节技术定义。新建医院医疗设备管理系统的设计与实现的整个过程都是采用 IBM 的建模工具。UML 的使用为系统的设计和分析的准确性和缩短时间有很大的帮助。

### 3. 系统非功能性需求

（1）艺术风格：是指站点的整体形象给浏览者的综合感受。包括站点的标志、色彩、字体、标语、版面布局、浏览方式、交互性、文字、语气、内容价值、存在意义、站点荣誉等等诸多因素。

（2）内容：文字与图片是构成一个网页的两个最基本的元素。

## 二、灭火救援系统模块划分

灭火救援指挥系统划分为：作战指挥部分、战备训练部分和信息支持部分。其中，作战指挥部分火警受理子系统（城市消防通信指挥系统）和指挥调度子系统。战备训练部分模块主要有战备值班管理子系统、业务训练管理子系统、预案模拟演练子系统、实战模拟演练子系统、水源管理子系统、重大危险源评估子系统和战评总结子系统。信息支持部分主要有情报信息管理子系统、指挥决策支持子系统、车辆动态管理子系统、集中控制和移动终端服务。

## 三、系统安全

系统安全主要包括登录认证和数据加密。对于系统来说，安全性是很重要的，安全性的设置为了防止那些非法用户登录系统存取数据库中的数据，系统的安全是很重要的，它涉及很多方面，也需要很多部门的配合实施。

### （一）登录认证

系统的管理员对用户进行管理，不同的用户分配不同的权限，用户只能在其权限内进行数据的处理操作。

### （二）数据加密

用户在网上传输的数据被拆成一个个数据包，经过局域网之间的路由器传送到终点。在数据传递的过程中，难免会发生安全数据被窃听，为了避免发生这种情况，应提高数据信息的可靠性和安全性，对数据要进行加密。为不同角度的用户分配不同的权限，使其拥有不同的身份认证和权限管理，很大程度上提高了系统强大的业务和安全服务。

# 四、系统功能设计

指挥调度系统主要有协同服务、指挥调度文字屏、指挥调度 GIS 屏和统计汇总屏。其数据来源为：人员、消防车辆、库存器材信息、应急联动单位、社会联勤保障单位、消防安全重点单位、消防机构信息、多种形式消防队和数据字典。GIS 数据库有基础图层数据和业务图层数据。

## （一）各类灾害总计

功能描述：集中将各种灾害类型的灾情进行汇总统计和显示。部局显示全国不同灾情类型的各种合计，可分为当日、本月和本年三个时间段统计。总队显示全省不同灾情类型各种合计，可分为当日、本月和本年三个时间段统计。支队显示当前本市所有灾情类型合计，可分为当日、本月和本年三个时间段统计。统计项：火灾、抢险救援、社会求助、反恐排爆、死亡人数、受伤人数。

相关数据：灾情统计数据是从本级情报数据库的 ZHDD_ZQXX 表中统计获得的，灾情时间的范围划分是通过表中 TSSJ（推送时间）确定的，通过 ZQLXDM（灾情类型字典代码）确定灾情的类型；当天、本月、本年伤亡人数的统计直接通过灾情信息表中的死亡人数（部队死亡人数和群众死亡人数）和受伤人数进行统计。现场信息记录的是增量的数据，不方便统计，现场信息变化时把最新的数据也更新存储到灾情信息表中，统计时直接从灾情表中进行统计。

更新操作（Update Event Statistic）：更新灾情的统计信息，包括当日、本月和本年的灾情统计。本日、本月、本年的灾情统计卡片的自动滚动，时间间隔为 8 秒。

## （二）值班信息展示

功能描述：能够显示本单位及所辖范围内的所有单位值班信息（本单位、下级单位的当日值班信息），能显示值班电话、值班领导、值班领导电话。

相关数据：值班信息是在本级情报信息库中的战备值班表（值班排班主表和值班排班清单）中获取。默认情况下取当天本单位和下级所辖单位的值班信息，也可根据值班日期查看以往的值班信息。

## （三）灾情列表

支队级：显示本支队内今天的灾情处理情况列表以及今日处理的灾情总数，列表中的数据筛选条件为：截止今天为止还处于"处理中"状态的灾情，以及在今天处理结束的灾情。

总队级：显示本总队下辖各支队今天发生的灾情以及处理情况，筛选数据的条件与支队相同，灾情的分组比支队多一级，按各个支队进行目录层级组织，每个支队下面有"处理中"和"已关闭"两个分组。

部局级：显示全国各总队今天发生的灾情以及处理情况，灾情列表筛选条件和支队、总队相同，不同是层级分组，层级分组按消防机构进行层级组织，总队下面列出支队，每个支队下面有"处理中"和"已关闭"两个分组。

## （四）席位受理灾情列表

席位受理灾情列表用于显示当前正在处理的灾情（未关闭的灾情），通过此列表可以方便快捷的对灾情进行处理。收到灾情时（支队接收到火警受理报送的灾情，总队接收到支队报送的灾情，部局接收到总队报送的灾情），所有席位会弹出接收到灾情的提示框，某席位点击"确定"后，该灾情建立与此席位的关联，加载该灾情至此席位的"本席位"的灾情列表中，同时将此操作消息通知其他席位，其他席位收到该消息后关闭提示框，同时该灾情会出现在"其他席位"灾情列表中，如果没有席位受理灾情则进入"关注灾情"列表。本席位灾情列表的数据筛选条件是根据灾情与席位号的对应关系表的数据进行筛选，筛选席位号等于本席位号的灾情，点选某一行的灾情数据，会加载至主界面显示相应的灾情详细信息。在灾情显示的主界面可以进行灾情的处理，关键参数的修改，灾情的上报，根据预案进行相应灾情的车辆器材的调度。获取本席位灾情列表的逻辑由下面方法来完成。

## （五）待办事项列表

对指挥调度系统所有需要进行人工干预的消息进行管理，以避免多条消息同时接收到时造成混乱，通过待办事项列表用户可以根据消息优先级自行决定处理顺序，实现重要消息的及时处置。进入待办事项列表的消息有：增援请求、调度命令、文电信息、指挥权移交。这些未处理的消息按席位标识并存储于数据库中，以避免客户端关闭造成信息丢失。若列表中有需要等待处理的消息，则自动提醒用户。提醒时间间隔可以进行客户端配置。

待办事项列表中显示的信息项、信息类型：增援请求、调度命令、文电信息、指挥权移交、接收时间、发送单位、消息概要信息。

同时接收多条需要进行语音播报的消息时，针对消息进行顺序语音播放。接入待办事项列表的消息，在进行弹出窗口提示时，前一提示窗口未关闭则不再弹出提示窗口。双击待办事项列表中的某条消息时，提示该消息的处理提示窗口（仅仅有一个提示窗口，若有其他提示窗口已打开则先关闭）。各业务处理逻辑确认处理了该消息后，通知待办事项列表对该消息进行删除。

## 五、系统流程设计

灾情接收：接收各种接口方式传递的灾情信息；将不同时间点获得的灾情信息进行统一管理，提交给灾情显示模块；具有针对统一协议灾情信息的格式转换等功能。接收来自本级协同服务转发的灾情信息，灾情传输是通过 XML 格式化的数据传输。支队、总队或部局级的程序在接收到灾情之后，所有的席位均会弹出灾情提示框，如果某席位点击灾情提示框的"确定"之后，数据库中会写入灾情与该席位号的对应关系，标识该灾情已被此席位受理，在此席位的"本席位"灾情列表中会增加显示该灾情的记录。

指挥权移交：是把本席位受理的灾情，移交给其他席位进行受理，此功能放在"本席位"灾情列表的右键菜单中，选择"灾情移交"，弹出选择席位的界面，选中要移交的席位，进行席位移交。对应席位接收到指挥权移交的消息之后，弹出指令确认提示框，点击"确定"接受该灾情的指挥权，并将该灾情放置于本席位受理的灾情列表中；点击"打开"则接收该灾情指挥权的同时加载该灾情为当前处理的灾情，显示该灾情的详细信息直至主界面。

指挥权移交功能实现席位之间的灾情转交，可以把某席位已经受理的灾情转交给其他席位受理。通过本席位灾情列表的右键功能菜单中"移交席位"来操作，选定要移交的席位之后，会给该席位发送指挥权移交的消息，该席位接到指挥权移交消息后弹出提示框（包含"确定"和"打开"按钮），席位值班员通过点击"确定"或"打开"来接收指挥权移交。点击"确定"则把该灾情加入本席位受理的灾情列表中，点击"打开"按钮时，不仅把该灾情加入本席位受理的灾情列表还切换该灾情为当前灾情进行后续指挥调度操作。

灾情结束：通过灾情列表的右键功能菜单"关闭灾情"来实现灾情关闭操作。关闭灾情需要更新灾情信息的 ZQZT 字段的值，该字段默认为 0，表示灾情正在处理中，关闭时把在此字段的值设置为 1，表示该灾情已关闭。灾情关闭时，需要通知上级消防机构（协同服务，协同服务再通知各个席位刷新灾情列表）以及本级其他指挥调度席位，标示该灾情已经处理结束。

新建灾情：在指挥调度界面上进行新灾情的创建操作，通过在灾情显示的面板的"新建灾情"功能按钮实现，可以手动输入或选择灾情的相关信息进行入库保存。新建灾情需要六步：首先把灾情要素对应的控件置为默认值。重新加载本灾情，以触发当前灾情切换事件，使与灾情相关的模块如现场信息，文电传输等也能够加载与当前灾情相关的信息。更新灾情列表在保存灾情信息的同时，需要在灾情与席位对应表中插入该灾情与本席位的对应数据，同时需要向协同服务发送此灾情信息，以便同步到上级消防机构。

所有灾情不管是否符合上报的阈值，都将自动同步至上级消防机构，这些灾情存储于各级的情报信息库，即部局情报信息库中包含全国的灾情信息，总队情报信息库中包含全省的灾情信息。灾情同步主要由各级协同服务来完成，所有上报的灾情由协同服务统一入库存储（指挥调度界面新建的灾情除外）。

派遣单发送：由等级调派、临机调派、预案调派生成调派方案并组织成 XML 文档，通过信息交换平台向目的方发送。调派单和出动单具体 XML 格式见临机调度小结。支队指挥调度系统调派方案精确到某大队及中队的详细车辆，在调派时通过大队的消防机构编码去数据库席位信息表（详细结构见数据库章节）查找是否有对应的火警受理信息交换平台账号，如有则向此火警受理系统发送调派单，如查不到对应大队火警受理账号，则向支队火警受理系统发送调派单。如一个调派列表里包含多个中队，则生成多个调派单分别发送给相关火警受理系统。如果此灾情已经上报到总队，则此时的出动单要同步到总队。

# 六、数据库设计

## （一）数据完整性设计

数据库是存储在计算机这个存储设备上，有一定的结构和组织的数据的集合体。而数据库管理系统是对数据库的建立、设计和维护而设置的管理系统。数据的完整性是数据库管理系统对数据库的一个很重要保障，而完整性是数据的准确性和一致性的统一结合，如果要把数据加入数据库中时，就会对数据进行合法性和一致性方面的检验，目的是提高数据的完整性。所谓关系就是一张二维表，在关系中主键所选字段里面的记录不能为空，也不能重复，否则将无法标识元组的唯一性。比如，在本系统的档案信息表中，身份证号是主键，所以身份证号就不能为空，也不能重复，否则将无法操作数据库。而且主键也和它所对应的信息相一致，如果表中有身份证号则就会有和此身份证号相对应的人员姓名等信息，如果只有身份证号而没有相对应的个人信息，则就不符合数据完整性的规定。数据也可以进行合法性检测，用户输入数据检测是否合法，如果合法则允许输入记录，否则不能输入数据。

## （二）数据库模型设计

数据库模型设计中的概念结构设计独立于数据库管理系统，也独立于数据库逻辑结构，它能够反映现实世界，包括实体与实体之间的联系，实体与属性之间的联系，同时又向层次模型、网状模型和关系模型转换。数据库模型的设计方法主要有面向过程的模型的建立、面向数据的模型建立、面向信息的模型建立和面向对象的模型建立。这就定义了数据模型，即 E-R 模型，所谓关系就是一张二维表。

# 第四节　火场通信

无线通信发展相当迅速，现代无线通信包括语言传送、图像传输、数字通信等等，其形式和种类很多。消防无线通信设备有固定式和移动式两种。固定式无线通信设备是指安装在消防总队、支队和大队指挥中心，以及中队通信室的无线电基地台和固定台站等设备。移动式无线通信设备是指处于运动过程中的通信设备。

## 一、火场通信的任务

火场通信是为灭火战斗指挥和协同作战而建立的通信联络。火场通信的主要任务，是负责保持整个火场上的通信联络，即火场指挥部与后方调度室的联络；火场指挥部与火场前沿阵地的通信联络；火场指挥员与参战中队、参谋的通信联络；中队长或通信员与战个班长、司机、水枪手等的通信联络；火场指挥员与参加火灾扑救的公安、专职义务消防队之间的通信联络；火场指挥员与各有关部门之间以及同受灾群众和单位之间的通信联络。

## 二、火场通信的要求

为了在短时间内控制火势，扑灭火灾，减少损失，对火场通信的要求是：迅速、准确和保持不间断的通信联络。要在各种困难复杂情况下，始终保证火场上各有关方面联络畅通；保证火场指挥员命令和不断变化着的火场情况，迅速、准确地传达到有关部门单位和人员，以便实施不间断地指挥，搞好协同作战，顺利地完成灭火战斗任务。为此，火场通情人员在执行任务时，必须具有高度的责任感和严格的纪律性，充分发挥通信人员的桥梁作用和参谋助手作用。

电话员接到报警后，必须迅速准确地受理火警电话，及时调动灭火力量。通信员要听清出动的地点和任务，发现疑问要及时讲明，防止差错。然后携带出车证乘通信指挥车或通信车出动。

通信员要协助驾驶员选择捷径路线，注意行车安全，以便迅速到达火场。如果出动途中消防车辆发生故障和交通事故，或者遇到另一起火场时（包括返队），应立即向调度室报告。

出动途中通信员要注意观察入场地点的情况，有无火势蔓延的迹象（如烟雾、光等）。并注意风向、风力等。

如果针对起火单位预先制定了灭火作战计划，应迅速查看，然后交给指挥员；如未制定灭火作战计划，应将平时掌握的有关情况（如建筑特点、水源分布、交通和周围情况等），主动向指挥员报告。

消防车到达火场后，通信员要尽快通过无线电台或有线电话同调度室取得联系，及时报告火场情况。要向调度室说明电台代号或电话号码，通信员姓名，报告发生火灾的具体单位、部位、火场燃烧物质等情况，是否已被控制或扑灭。如果火势很大，需要申请增援力量时，要说明需要什么车辆、几台车。凡是向调度室报告的情况，必须经火场指挥员的同意或授权。如遇特殊情况，一时找不到火场指挥员时，可先向调度室报告情况，并加以说明，事后及时向火场指挥员报告。

通信员到达火场后，要参与火情侦察，了解火场的全面情况，这是迅速准确地报告火场情况的前提。火场侦察主要是靠观察、询问和测算，并根据平时掌握的情况做出准确的判断。火场侦察的内容主要有燃烧部位、燃烧对象、燃烧面积、建筑特点、消防水源、周围情况、火势蔓延方向、速度、人员伤亡情况、到达火场的消防车辆以及火灾扑救组织情况等。

如果火势较大，需调增援力量时，通信员应根据增援消防中队距离火场的远近，估计可能到达火场的可能路线和行驶时间预先在路口迎候。对增援消防车辆的停靠水源、进攻路线、任务等，必须按火场指挥员的命令明确传达清楚。如果前来增援的消防车辆较多时，应将消防车辆引导停放在便于调动的适当位置，并通知各增援队指挥员和通信员向火场指挥员报到，待明确任务和水源后，再分别调动，以防止各增援车辆无秩序地涌向火场、堵塞交通，擅自占领水源，影响灭火战斗的统一部署。

## 三、无线移动通信技术

随着设备制造技术的进步，无线电台逐渐小型化、轻型化。无线电专向通信的结构方式也推广运用到固定台与移动台之间、移动台与移动台之间。专向通信的优点是勤务信令简单、沟通迅速、传输信息量大、联络及时、改频方便，工作稳定。缺点是频率利用率低、传送通播信息需重复。无线电通信网与无线电专向通信相比，具有频率利用率高、便于网内各台间互相联络和转信，并能发布通播信息等优点。缺点是勤务信令相对复杂，平均时效低、改频手续多。

随着技术进步和设备更新，无线电通信网的组网技术也在不断发展。在消防移动通信系统中，如果频率资源较丰富，而且用户又不是太多的情况下，以采用专用信道形式为好。在一般情况下，到底采用哪种形式，应根据呼损率、每台天呼叫平均次数、每次占线时间、最忙时集中系数等因素进行计算来决定。

超短波无线电台采用的天线有多种形式。在消防通信固定电台使用较广泛的有八木定向天线和套筒式全向天线等。在天线增益相同的情况下，走向天线与全向天线相比，可以明显地增加有效通信距离。当与远郊区、县消防中队固定电台联络时，由于距离较远，采用定向天线可以明显地改善通信质量，提高稳定度。但当消防总队、支队（大队）与出动消防中队联络时，由于联络对象处于运动状态，通信方向不能预先确定，也难以操纵调整天线方向。故应采用全向天线，以覆盖整个消防管辖区域，保障灭火出动中的通信联络。为了保证边际场强满足通信要求，应尽量采用高增益全向天线。为保证通信质量和通信时效，防止泄密，应严格遵守联络要求和通话规则。

无人机在消防工作中发挥着巨大的作用。针对一些火灾而言，其面临着复杂的现场环境，难以实现对火灾现场信息的全面收集。因此要借助于无人机技术来全面掌握火势蔓延情况和建筑物内人群疏散情况，并且第一时间将火灾现场的图像信息传递给现场指挥部或后方指挥中心。以此保证建筑物内火灾扑救工作能够高效进行；最为重要的是，无人机搭载不同终端还能够为火灾现场调度提供许多类型更为科学、权威的一手资料，从而大大提升火场通信指挥工作的精确性和时效性，最大限度上保证人们的生命财产安全。

在火灾现场通信指挥中科学合理地应用无人机，还能够有效地规避因为火场信息、资料、对火情判断等不科学及不精确而导致的人员伤亡和经济财产损失。同时无人机还能帮助科学有效地跟踪和了解火场中人员位置、易燃物品分布、火势蔓延方向等一系列火灾现场情况，从而为火灾周围人群和财产的转移提供有效的情报支撑。

通常情况下，消防救援站配备的大多数小型无人机不到 20 千克的重量，通过基础的飞行课件就能够熟练地操作，而且大多数无人机不会受到交通路线的束缚。其次，无人机搭载设备可以结合实际需求来予以规范改进和调整，如在开展特殊任务时，可以将所需的搭载设备有效地安装到无人机上，在开展多项任务时，可通过整合搭载设备，来使得各个任务统筹进行。

无人机在高空全局拍摄目标时，可以全范围、高效率、多角度地勘察地面情况。与此同时，无人机可以结合实际火势蔓延情况和火灾救援实际需求，甚至深入建筑内部，从多个角度来开展跟踪和调查工作，从而进一步提升火灾信息传递的实时性和及时性。

而通过科学合理地应用无人机，能够使得操作人员借助于远程控制和调控来开展救援工作，从而有效地规避上述问题，同时也大大提升了火灾救援工作的安全系数，使得火场指挥工作更具备实效性和科学性。

近年来，随着我国科学技术的日益优化，消防救援队伍装备水平的不断提高，为无人机技术的广泛应用和良好发展提供了有效支撑。将无人机广泛地应用于消防通信指挥工作中，能够进一步优化指挥效果，使得火场通信和现场指挥的权威性进一步提升。在具体工作中，各级消防救援队伍可以采取以下措施来优化无人机在火场指挥中的应用。

术业有专攻，在火场指挥中应用无人机技术，对于现场指挥人员的专业性和技术性提出了更高的要求。按照国家有关要求，无人机操作人员必须获得相关部门颁发的无人机驾驶执照；因此，各级消防救援队伍应该加大应急通信人员对各类无人机操作培训，取得合格的驾驶执照后才能更加合法地开展无人机相关操作。同时强化对各级指挥人员的培训和管理，加强基层指挥人员、通信人员的实践操作能力，可以对其开展模拟训练方式，来切实加强指挥人员对于无人机操控技术的认知，以此来保证指挥人员技能的合格性，强化现场指挥配合效果，进而实现火场指挥质量的进一步优化和提升。

其次，需要保证无人机配备充足，根据辖区实际情况配置相应的挂载和配件，避免出现火场救援工作时无机可用、无配件可用的情况。还需要定期对无人机设备开展维修和保养工作，操作人员要积极学习国内外无人机在消防救火中的应用的知识，不断拓宽自身对无人机的认识和了解，从而为无人机日常维修和保养工作的有序开展奠定坚实基础。再次，相关技术人员需要定期对无人机进行检测，整理相应的检测报告，及时向上级报备无人机老化、磨损等一系列故障和问题，从而为无人机的使用效能提供有效保证。最后，需要注重日常操作，信通部门可以将无人机使用纳入日常考核工作中，以免因临时掘井降低使用效果。

在完成人员培训和无人机硬件配备之后，还需要将强化无人机使用和管理提上重视日程。在消防救援队伍训练过程中，要将无人机的使用和管理纳入基础操作人员的考核课程和比武项目中去，强化对无人机使用知识和技能的普及，使得无人机的使用效能得到最大程度发挥。在技术方面，还需要借鉴其他行业的技术经验，不断优化完善无人机的软件环境。

# 第五章　火场安全管控

　　火场和救援现场各种突发情况时有发生，如果防护措施不到位以及自我保护意识不够，技能不够娴熟，那么在场的人员就有可能发生危险，一旦造成伤亡，不仅给本人和家庭带来痛苦，而且不能够更好地保护国家人民的生命财产。因此，加强火场安全管理工作是灭火救援过程中一项十分重要的工作。

# 第一节　火场安全疏散

　　在人类居住的地方，由于人们对防火的疏忽大意，难免不发生火灾，而火灾的发生与发展有时是难以预测的。在火灾状况下，当大火威胁着在场人员的生命安全时，保存生命、迅速逃离危险境地也就成为人的第一需要。此时，火场上人员的正确引导、安全疏散成为关键。

## 一、疏散与逃生的概念

　　疏散是指火灾时建筑物内的人员从各自不同的位置做出迅速反应，通过专门的设施和路线撤离着火区域，到达室外安全区域的行动。它是一种有序地撤离危险区域的行动，有时会有引导员指挥疏导。建筑物失火后，首要的问题是被困人员应能及时、顺利地到达地面的安全区域。

　　火灾中人的疏散流动过程一般遵循以下三个规则：

### （一）目标规则

　　即疏散人员可以根据火灾事故状态的变化，克服疏散行动过程中所遇到的各种障碍的约束，及时调整自己的行动目标，不断尝试并努力保持最优的疏散运动方式，向既定的安全目标移动。

## （二）约束规则

即人员将不断调整自己的行为决策，以使受到的约束和障碍程度最小，争取在最短的时间内达到当前的安全目标。

## （三）运动规则

即疏散人员会根据疏散过程中所接受和反馈的各种信息，不断调整自己的疏散行动目标和疏散运动方式，以最快的疏散速度、在最短的时间内向最终的目标疏散。

逃生即是为了逃脱危险境地，以求保全生命或生存所采取的行为或行动。如某女出租车司机夜间搭载了3名暴徒乘客，在车行至一偏僻处突然对司机施以暴行将女司机击倒，为保护自己不再受歹徒的袭击，女司机假装被击晕昏死，以至于歹徒以为其死亡便劫其钱物、车辆扬长而去，待歹徒走后，女司机起身报警才得以脱离危险，死里逃生。再如某一共五层的办公大楼第四层发生火灾，大火和烟雾封住了其内的疏散通道和安全出口，由于被困人员经受不住火场热辐射的灼烤及烟气的熏呛，他采取了夺窗而跳的极端行为。

一般而言，疏散是一种有序的、人群流动的行为，目的性、方向性、路线性、秩序性、群体性很强，而不是盲目的、杂乱无章的，通常这种行动事先要通过制定疏散预案并多次演练才能在实战中达到预期效果，建筑安全疏散的路线设计通常是根据建筑物的特性设定火灾条件，针对火灾和烟气流动特性的预测及疏散形式的预测，采取一系列符合防火规范的防火措施，进行适当的安全疏散设施的设置和设计，以提供合理的疏散方法和其他安全防护方法，保证人员具有足够的安全度来实现的；而逃生行为则通常具有目的性，但不一定是有序性、方向性，多半是指个体或为数很少的几个人的行为，很少指人群流动的集体行为。有时人员为了逃脱险境，所采取的逃生路线是多种多样的，不是固定不变的。在火灾场景下，通常的疏散也包含着逃生的意味。

# 二、火灾时人员安全疏散判据

## （一）火灾时人员安全疏散条件

1. 需保证建筑物内所有人员在可利用的安全疏散时间内，均能撤离到达安全的避难场所；

2. 疏散过程中不会由于长时间的高密度人员滞留和通道堵塞等引起群集事故发生。

为此，所有建筑物都必须满足下列四个保证安全疏散的基本条件：限制使用严重影响疏散的建筑材料等；制订妥善的疏散及诱导计划；保证安全的疏散通道；保证安全的避难场所。

## （二）火灾时人员安全疏散的判断

建筑物发生火灾后，如果人员能在火灾达到危险状态之前全部疏散到安全区域，便可认为该建筑物的防火安全设计对火灾中的人员疏散是安全的。而人员能否安全疏散主要决定于两个时间特征：一是从起火时刻到火灾对人员安全构成危险的时间，即可用安全疏散时间（ASET）；二是从起火时刻到人员疏散至安全区域的时间，即必需安全疏散时间（RSET）。

ASET 大致由可燃物被点燃、火灾被探测到以及火灾发展到如下火灾危险临界条件的时间构成：

1. 当烟气层界面高于人眼特征高度（通常为 112 ~ 118 cm）时，上部烟气层的热辐射强度对人体构成危险（一般烟气温度取 180℃）；

2. 当烟气层界面低于人眼特征高度时，人体直接接触的烟气温度超过 60℃；

3. 当烟气层界面低于人眼特征高度时，有害燃烧产物的临界浓度达到对人体构成伤害的危险浓度，典型的是一氧化碳的浓度达到 0.25%；

对于人员密集场所及疏散通道中，当烟气层界面低于火灾危险高度时，此时如果还有人员处于烟气中而没有及时疏散，则一般认为整体疏散方案是失败的。

# 三、影响人员安全疏散的主要因素

## （一）烟气层的高度

火灾中的烟气层伴有一定热量、胶质物、固体颗粒及毒性分解物等，是影响人员疏散行动和救援行动的主要障碍。在人员疏散过程中，烟气层只有保持在疏散人群头部以上一定高度，才能使人在疏散时不但不会受到热烟气流热辐射的威胁，而且还能避免从烟气中穿过。

## （二）毒性

火灾中的燃烧产物及其浓度因燃烧物的不同而有所区别。各组分的热分解产物生成量及其分布也比较复杂，不同的组分对人体的毒性影响也有较大差异，在消防安全分析预测中很难较为准确的定量描述。因此，在实际工程应用中通常采用一种有效而简化的处理方法，即若烟气中的减光度不大于 0.1 m，则视为各种毒性产物的浓度在 30 min 内将不会达到人体的忍受极限。

## （三）能见度

通常情况下，火灾中烟气浓度越高则可视度就越低，疏散或逃生时人员确定疏散或逃生途径和做出行动决定所需的时间就会延长。大空间内为了确定疏散或逃生方向需要视线更好，看得更远，则要求感光度更低。

### （四）人流密度

火灾时，人流密度也是影响人员安全疏散行为和过程的一个至关重要的因素。根据疏散人流密度的不同，人员疏散流动状态可概括为两种状态：离散状态和连续状态。

离散状态：即疏散人流密度较小（$\rho < 0.5$ 人 $/m^2$），个人行为特点占主导作用的流动状态，人与人之间的相互约束和影响较小，疏散人员可以根据自己的状态和火灾物理状态，主动地对自己的疏散行为及其行动路线、行动速度和目标等物理过程进行调整。人员疏散行动呈现很大的随机性和主动性。离散状态常常发生或出现在整个建筑物疏散行动的初始阶段和最后阶段占主导地位，并且将对整个建筑物的安全疏散性状起到一定的制约作用。

连续状态：即约束规则占主导作用（$0.5 \leq \rho < 3.8$ 人 $/m^2$）的流动状态。因为人流密度较大，人与人之间的间距非常小，疏散人员呈现"群集"的特征。除个别比较有影响力和权威的人士之外，个人的行为特征对整个人员流动状态的影响可以忽略不计，整个疏散行动行动呈现连续流动状态，群集人员连续不断地向目标出口移动。

一般地，滞留群集出现在容易造成流动速度突然下降的空间断面收缩处或转向突变处，如出口、楼梯口等处。如果滞留持续时间较长，则滞留人员可能争相夺路而出现混乱。空间断面收缩处，除了正面的人流外，往往有许多人从两侧挤入，阻碍正面流动，使群集密度进一步增加，形成拱形的人群，谁也无法通过。滞留群集和成拱现象会使人员流动速度和出口流动能力下降，造成人员从建筑物空间完成安全疏散所需的行动时间出现迟滞现象，最终导致群集伤害事故的发生。许多重大恶性火灾事故调查案例表明，火灾中之所以造成群死群伤大多是由于火灾时人员疏散、逃生拥挤，堵塞疏散通道或安全出口等之缘故。

## 四、火场疏散引导方法

### （一）火场疏散引导的概念

顾名思义，火场疏散引导是指在场所发生火灾的紧急情况下，场所工作人员正确引导火灾现场人员向安全区域疏散撤离的言语和行为。

当人员密集场所发生火灾后，为了生存活命，火场人员都想尽快避开可怕的火灾险境，且下意识地会首先想到朝着最熟悉的疏散出口方向、最明亮的地方撤离，此时，假如没有现场工作人员的正确疏散引导指挥，由于人员身陷火场的惊恐心理，往往会导致火灾现场一片混沌慌乱的现象，造成安全通道、安全出口的拥挤堵塞，哪怕只是很小的惊慌或刺激，而这种刺激或惊慌通常是为受灾群体中的领头人物所左右的，这时候就需要一个沉着冷静、思维敏捷且富有经验的疏散引导员来充当这个领头人，指挥控制全局，把受灾人员安全地引导疏散至安全地带。

## （二）疏散引导的时机

在火场上，何时让人们开始疏散撤离，这要取决于火灾规模大小和起火地点（或部位）的远近等具体情况。原则上讲，发生火灾后，应当立即通知现场人员开始进行撤离行动和疏散引导，但对于商场、市场、影剧院及宾馆饭店、公共娱乐场所等人员高度密集的场所火灾，究竟何时开始疏散合适，则必须综合考虑起火场所或部位、火灾程度、烟气蔓延扩散情况及灭火施救状况等诸多因素，并在短时间内果断做出判定。

火灾现场负责人赋有命令指挥火场实施疏散引导的职责。在疏散引导行动开始的同时，还应积极地组织初起火灾的扑救工作。如果现场工作人员不够时，除非是取用轻便灭火器材即可扑灭火灾，否则应当优先实施疏散引导撤离行动。

## （三）疏散引导的总原则

1. 利用消防控制室火灾应急广播系统按其控制程序发出疏散撤离指令；广播喊话应沉着镇定，其语速不宜过快；广播内容应简单、通俗及易懂，并应循环反复播放；应说明广播的单位及人员，以提高置信度；应一人广播，并提醒疏散人员不要使用普通电梯；

2. 优先配置着火层及其相邻上、下层疏散引导员，其位置最好在楼梯出入口和通道拐角；

3. 普通电梯进出口前应配置疏导人员，以阻止撤离人员使用电梯；

4. 应选择安全的疏散通道，引导人们到达安全地带；

5. 应及时打开疏散楼层的各楼梯出口；

6. 应首先使用室内外楼梯等既安全且疏散人流量又大的疏散设施进行疏散，如无法使用时，可利用其他方法另行疏散；

7. 如果着火层在地上二层及其以上楼层，应优先疏散着火层及其相邻上、下层人员；

8. 撤离人员较多时，应采用分流疏散方法，以防拥挤混乱，并优先疏散较大危险场所的人员；

9. 当楼梯被烟火封锁不能使用时，或短时间内无法将所有火场人员疏散至安全区域时，应将人员暂时疏散至阳台等相对安全场所，等待消防救援人员的救援；

10. 火灾时，商场等场所不要拘泥于顾客是否付钱，应立即选择疏散撤离；

11. 不要让到达安全区域的人员重返火灾现场；

12. 疏散引导员撤离时，应确认火灾现场已无其他人员，并在撤离时关闭防火门等。

及时正确地疏散引导是火场人员安全逃生的重要环节，也是减少火场人员伤亡的重要举措。每个工作人员只有平时加强消防知识的学习与培训，制定切实可靠的应急疏散预案并经常性演练，才能真正掌握正确的疏散引导方法和技巧，方能在火灾紧急情况下将现场人员安全地撤出危险区域。

# 第二节　火场逃生自救

公众聚集场所以及高层建筑的日益增多，而消防基础设施建设的相对滞后和广大群众消防安全意识的淡漠，由此造成的火灾隐患日益突出，发生火灾的概率也在不断上升。

## 一、火场逃生自救方法

人，最宝贵的是生命。俗话说"天有不测风云，人有旦夕祸福"，人们应该有面对灾害的准备，并应增强自我防范意识。在相同的火灾场景下，同为火灾所困，有的人显得不知所措，生灵涂炭；有的人慌不择路，跳楼丧生或造成终身残疾；也有的人化险为夷，死里逃生。这固然与起火时间、起火地点、火势大小、建筑物内报警、排烟、灭火设施运行状况和周围环境等因素有关，然而还要看被火围困的人员，在灾难降临时是否具备避难或逃生自救的本领和技能。

那么，在火场中如何逃生自救呢？下面归纳和介绍一些方法和应注意的事项。

### （一）保持冷静

陷入灾难的人可以分为三类：大约10%到15%的人能够保持冷静并且动作迅速有效；另有15%或者更少的人会哭泣、尖叫，甚至阻碍逃生。剩下占多数的人什么也不干，完全惊呆了，脑子一片空白。

在火灾突然发生的情况下，由于烟气及火的出现、高温的灼烤，场面会发生混乱，多数人因此心理恐慌，这是人最致命的弱点。不同的人在事故中则会表现出不同的反应，一些人处于良好的应激状态下，其大脑运转异常活跃，表现在行为上则是以积极的态度对待眼前的火情，采取果断措施保护自身；也有的人在危境之中会变得意识狭窄，思维混乱，发生感知和记忆上的失误，做出异常举动。如火灾中一些人只知推门而不知拉门，将墙当门猛敲猛击等。

在某市的一幢高层建筑火灾中，部分人员已从着火的楼层下到一层，本已脱离危险，然而，由于一人发现楼道外门打不开，便折身上楼，其他人竟也跟上楼，被烟火逼下后，门不开，又上楼，如此往返折腾，最后大部分人都罹难了，其实只要转身通过一层楼道水平逃向大厅便可脱险。因此保持冷静的头脑对防止惨剧的发生至关重要。

突遇火灾，面对浓烟和烈火，首先要强令自己保持镇静，保持清醒的头脑，不要惊慌失措，快速判明危险地点和安全地点，决定逃生的路线和办法，千万不要盲目地跟从人流相互拥挤，乱冲乱撞。逃生前宁可多用几秒钟的时间考虑一下自己的处境及火势发展情况，再尽快采取正确的脱身措施。

## （二）熟悉环境

熟悉环境就是要了解和熟悉我们经常或临时所处建筑物的消防安全环境。平时要有危机意识，对经常工作或居住的建筑物，哪怕对环境已很熟悉，也不能麻痹大意，在事先都应制订较为详细的火灾逃生计划，对确定的逃生出口（可选择门窗、阳台、安全出口、室内防烟或封闭楼梯室外楼梯等）、路线（应明确每一条逃生路线及逃生后的集合地点）和方法要让家庭、单位所有的人员都熟悉掌握并加以必要的逃生训练和演练。

有时候人的本能并不能拯救他们在灾难中幸存，而成功逃生的关键就是为人们的大脑及时补充进"逃生数据"，只有依靠平时的逃生演练才有可能获得这些"数据"。当我们冷静的时候，大脑一般需要 8 ～ 10 秒钟的时间处理一段新信息。压力越大，所花费的时间就越长。当灾难发生时，外界信息涌进大脑的速度和流量明显增大，大脑无法有时也来不及反映，因此只有采取快速行动，此时大脑就依赖于习惯了。

我国的消防法律法规也明确规定，单位应制定灭火和应急疏散预案，并至少每半年进行一次演练（对于消防安全重点单位）或至少每年组织一次演练（对非消防安全重点单位）；单位应当通过多种形式开展经常性的消防安全培训教育。消防安全重点单位对每名员工应当至少每年进行一次消防安全培训，学校、幼儿园应当通过寓教于乐等多种形式进行消防安全常识教育。

一般来说，家庭"火场逃生计划"大致可分为以下四个部分：

### 1. 提前做好计划

首先，每个家庭都应安装烟感探测器，并保持其处于良好的运行状态。因为感烟探测器能够发现早期火灾，提前报警。许多火灾都发生在深夜人们熟睡时，烟感探测器报警可避免人们在熟睡中走向死亡。消防部门希望每个家庭成员尤其是孩子都要熟悉烟感探测器报警的声音。尽管目前我国的防火规范尚未要求所有居住建筑的每个家庭都安装火灾探测报警设施，但从预防火灾危害、安全疏散逃生的角度来看，提倡每家每户都要安装此类设施。其次，让每个家庭成员睡觉时都关严房门。实验表明，如果房门关闭，火灾中需要 10 ～ 15 分钟才能将木门烧穿，因此，关闭房门会在紧急关头为家人争取宝贵的逃生时间。最后，制定的逃生计划应尽量做到无论家人在哪个房间、处于哪个位置,都应有至少二个逃生出口:一个是门,另一个可以是窗户或阳台等。

### 2. 设计逃生路线

每个家庭应绘制一张房屋格局平面布置图,制定出两条通向出口的逃生路线,并在图中标明至少两条从每个房间中逃向户外的路径,使每个家人一目了然,并将其张贴在每个房门口、楼梯口、窗户边和大门口。全家每个成员都要参与该图的绘制,并练习火灾时如何开门、开窗。家长们必须教导孩子牢牢记住每个通往室外的出口。图中最好把邻居家的位置或离自家最近的大路的位置标示出来,以便逃出火场的人能及时向其他人呼叫求救。

现代家庭,人们的防盗意识远远超过了防火意识。在人们心目中,防盗门、防盗窗可以把自己的人身和财产安全保护起来。然而火灾中,防盗门、防盗窗并不"安全",一旦大火或是高温烟气封堵了楼道,就无法通过安装有防盗设施的窗户进行逃生,消防人员也难以通过防盗设施进行救助。因此,在做防盗门、窗时,不要将其全部焊死,可采取预留一个可从内开启的活动小门、窗等方法,做到平时能防盗,火灾时又能提供一条逃生通道的功效。

### 3. 牢记烟气危害

每个家庭成员都应牢记在烟层下疏散逃生的重要性。家长们要教会孩子们一些逃生知识,包括教会孩子们如何避免烟中毒或被火烧伤。火灾中的烟气和热气都聚集在室内的上层,较新鲜凉爽的空气都在地面附近。因此,如果室内充满烟气,每个家庭成员都应知道赶紧趴下,爬到附近出口逃生。

### 4. 实地演习

有效的家庭逃生计划需要靠演练来完成,因此,逃生计划的演练非常重要,家庭的每个成员都应参加。父母必须保证每个孩子都要参与且每年至少要进行两次,如果近期内小孩子自己待在家里的时间较多(如学校放寒、暑假等)的话,也要安排进行一次实地演习。有时这种演习可以在晚上进行,目的就是让孩子们适应黑暗环境,帮助他们克服害怕黑暗的心理。

大多数建筑物内部的平面布置、道路出口一般不为人们所熟悉,一旦发生火灾时,人们总是习惯地沿着进来的出入口和楼道进行逃生,当发现此路被封死时,才被迫去寻找其他出入口,殊不知,此时已失去最佳的逃生时间。

### (三)迅速撤离

意识到火灾发生的人们习惯于认为火灾严重性并不大,而且会花一些时间去寻求证实火灾的严重程度。在证实火灾发生之后,人们依然要救护自己的同伴、亲友、子女或寻找财物。但火场逃生是争分夺秒的行动。

一旦听到火灾警报或意识到自己被烟火围困,或者生命受到烟火威胁等情况时,千万不要迟疑，要立即放下手中的工作或事务，动作越快越好，设法脱险，切不可为穿衣服或贪恋财物延误逃生良机，要树立时间就是生命、逃生第一的观念，要抓住有利时机就近利用一切可以利用的工具、物品想方设法迅速逃离火灾危险区域，要牢记此时此刻没有什么比生命更宝贵、更重要。

楼房着火时，应根据火势情况，优先选用最便捷、最安全的通道和疏散设施逃生，如首选更为安全可靠的防烟楼梯、封闭楼梯、室外疏散楼梯、消防电梯等。如果以上通道被烟火封堵，又无其他救生器材时，则可考虑利用建筑的阳台、窗口、屋顶平台、落水管及避雷线等脱险。但应查看落水管、避雷线是否牢固，防止人体攀附后断裂脱落造成伤亡。

火场逃生时不要乘普通电梯。道理很简单：其一，普通电梯的供电系统采用的是普通动力电源，非消防电源，火灾时会随时断电而停止运行卡壳；其二，因烟火高温的作用电梯的金属轿厢壳会变形而使人员被困其内，同时由于电梯井道犹如上下贯通的烟囱一般直通各楼层，电梯井道的"烟囱效应"会加剧烟火的蔓延，有毒的烟雾会通过井道从电梯轿厢缝隙进入，直接威胁被困人员的生命。因此，火场上不能乘普通电梯进行逃生。

在选择逃生路线时，要注意在打开门窗前，必须先用手背触摸门把手或者窗框（门把手、窗框一般用金属制作，导热快）或门背是否发热。如果感觉门不热，则应小心地站在门背后侧慢慢将门打开少许并迅速通过，然后立即将门关闭；如门已发热，则就不能打开，应选择如窗户、阳台等其他出口进行逃生。

火场逃生时，不要向狭窄的角落退避，如墙角、桌子底下、大衣柜里等。因为这些地方可燃物多，且容易聚集烟气。在无数次清理火灾现场的行动中，常常可以找到死在床下、屋角、阁楼、地窖、柜橱里的遇难者。有一场火灾被扑灭后，发现一小孩失踪，人们在清理火场时竟然在烧坏的电冰箱中发现了他的尸体，他是在慌乱中躲进冰箱内窒息而亡的。

## （四）标志引导

发生火灾时，人们在努力保持头脑冷静的基础上，要积极寻找逃生出口，切不要盲目跟随他人乱跑。在现代建筑物内，一般均设有比较明显的安全逃生的标志。如在公共场所的墙壁、顶棚、门顶、走道及其转弯处及逃生方向箭头等疏散指示标识标志，受灾人员看到这些标识标志时，即可按照标志指示的方向寻找到逃生路径，进入安全疏散通道，迅速撤离火场。

## （五）有序疏散

人员在火场逃生过程中，由于惊恐极易出现拥挤、聚堆、盲目乱跑甚至倾倒、践踏的无序现象，造成疏散通道堵塞从而酿成群死群伤的悲剧。相互拥挤、践踏，既不利于自己逃生，也不利于他人逃生。因此，火场中的人员应采取一种自觉自愿、有组织的救助疏散行为，做到有秩序地快速撤离火场。疏散时最好应有现场指挥或引导员的指挥。

在火场人流之中，如果看见前面的人倒下去了，应立即上前帮助扶起，对拥挤的人应及时给予疏导或选择其他疏散方法予以分流，以减轻单一疏散通道的人流压力，竭尽全力保持疏散通道畅通，最大限度地减少人员伤亡。

在火场疏散撤离过程中，逃生者多数或许要经过充满浓烟的走廊、楼梯间才能离开危险区域。因此，逃生过程中应采取正确有效的防烟措施和方法。通常的做法有：可把毛巾等物浸湿拧干后，叠起来捂住口鼻来防烟；无水时，干毛巾也行，或紧急情况下用尿代替水；如果身边没有毛巾，则用餐巾、口罩、帽子、衣服、领带等也可以替代。要多叠几层，将口鼻捂严。穿越烟雾区时，即使感到呼吸困难，也不能将毛巾从口鼻上拿开，否则就有立即中毒的危险。

实验表明，一条普通的毛巾如被折叠了16层，烟雾消除率可达90%以上，考虑到实用，一条普通毛巾如被折叠了8层，烟雾的消除率也可达到60%。在这种情况下，人在充满强烈刺激性烟雾的15 m长的走廊里缓慢行走，一般没有烟雾强烈刺激性的感觉。同时，湿毛巾在消除烟雾和刺激物质方面比干毛巾更为优越实用，其效果更好。但要注意毛巾过湿会使人的呼吸力增大，造成呼吸困难，因此，毛巾含水量通常应控制在毛巾本身重量的3倍以下为宜。

从浓烟弥漫的通道逃生时，可向头部、身上浇凉水，或用湿衣服、湿棉被、湿床单、湿毛毯等将身体裹好，低姿势行进或匍匐爬行穿过烟雾险境区域。在火场中，因为受热的烟雾较空气轻，一般离地面约50 cm处的空间内仍有残存空气可以利用呼吸，因此，可采用低姿势（如匍匐或弯腰）逃生，爬行时应将手心、手肘、膝盖紧靠地面，并沿墙壁边缘逃生，以免迷失方向。火场逃生过程中，要尽可能一律关闭背后的门，以便降低火和浓烟的蹿流蔓延速度。

如附近有水池、河塘等，可迅速跳入其中。如果人体已被烧伤时，则应注意不要跳入污水中，以防止受伤处感染。

在大火中，当安全疏散通道全部被浓烟烈火封堵时，可利用结实的绳子拴在牢固的暖气管道、窗框、床架等其他牢固物体上，然后顺绳索沿墙缓慢下滑到地面或下面的楼层而脱离险境。如没有绳子也可将窗帘、床单、被褥、衣服等撕成布条，用水浸湿，拧成布绳。

跳楼是造成火场人员死亡的又一重要原因。无论怎么说，较高楼救火层跳楼求生，都是一种风险极大，不可轻取的逃生选择。但当人们被高温烟气步步紧逼，实在无计可施，无路可走时，跳楼也就必然成为挑战死亡的生命豪赌。

在开始发现火灾时，人们会立即做出第一反应。这时的反应大多还是比较理智的分析与判断。但是，当按选择的路线逃生失败，发现事先的判断失误而逃生之路又被大火封死且火势愈来愈大、烟雾愈来愈浓时，人们就很容易失去理智。此时万万不可盲目采取跳楼等冒险行为，以避免未入火海而摔下地狱。

身处火灾烟气中的人，精神上往往陷于极端恐惧和接近崩溃，惊慌的心理下极易不顾一切地采取如跳楼逃生的伤害性行为。应该注意的是：只有消防队员准备好救生气垫并指挥跳楼时或楼层不高（一般4层以下），非跳楼即烧死的情况下，才可考虑采取跳楼的方法。即使已没有任何退路，若生命还未受到严重威胁，也要冷静地等待消防人员的救援。如果被火困在楼房的二、三层等较低楼层，若无条件采取其他自救方法或短时间内得不到救助就有生命危险时，在此种万不得已的情况下，才可以跳楼逃生。跳楼虽可求生，但会对身体造成一定的伤害，所以要慎之又慎。

跳楼求生的风险极大，要讲究方法和技巧。在跳楼之前，应先向楼下地面扔一些棉被、枕头、床垫、大衣等柔软物品，以便身体"软着陆"，减少受伤的可能性；然后再手扒窗台或阳台，身体自然下垂，以尽量降低垂直距离，头朝上脚向下，自然向下滑行，双脚落地跳下，以缩小跳落高度，并使双脚首先着落在柔软物上。如有可能，要尽量抱些：棉被、沙发垫等松软物品或打开大雨伞跳下，以减缓冲击力。如果可能的话，还应注意选择有水池、软雨篷、草地等地方跳。落地前要双手抱紧头部身体弯曲卷成一团，以减少伤害。

在无路可逃的情况下，应积极寻找避难处所，如到阳台、楼顶等待救援，或选择火势、烟雾难以蔓延的房间暂时避难。当实在无法逃离时便应退回室内，设法营造一个临时避难间暂避。

如果烟味很浓，房门已经烫手，说明大火已经封门，再不能开门逃生。正确的办法应是关紧房间临近火势的门窗，打开背火方向的门窗，但不要打碎玻璃，当窗外有烟进来时，要赶紧把窗子关上。将门窗缝隙或其他孔洞用湿毛巾、床单等堵住或挂上湿棉被、湿毛毯、湿麻袋等难燃物品，防止烟火入侵，并不断地向迎火的门窗及遮挡物上洒水降温，同时要淋湿房间内的一切可燃物，也可以把淋湿的棉被、毛毯等披在身上。如烟已进入室内，要用湿毛巾等捂住口鼻。

避难间或避难场所是为了救生而开辟的临时性避难的地方，因火场情况不断发展，瞬息万变，避难场所也不可能永远绝对安全。因此，不要在有可能疏散逃生的条件下不疏散逃生而创造避难空间避难，从而失去逃生的时机。避难间应选择在有水源及能便于与外界联系的房间。一方面，水源能降温、灭火、消烟，利于避难人员生存；另一方面又能与外界联系及时获救。

在同一起火灾中逃生的刘姓电工说，带一个手电筒真是太重要了，以后不管去任何地方，他都不会忘记带上它。在日本宾馆的每个房间里，都备有一个手电筒，旅客一旦碰上火灾、地震等灾难，可以用此照明逃生。

俗话说得好，"知术者生，乏术者亡"，"只有绝望的人，没有绝望的处境"。在火灾危险情况下能否安全自救，固然与起火时间、火势大小、建筑物结构形式、建筑物内有无消防设施等因素有关，但还要看被大火围困的人员在灾难到来之时有没有选择正确的自救逃生方法。"水火无情"，许多人由于缺乏在火灾中积极逃生自救的知识而被火魔夺去了生命，一些人也因丧失理智的行动加速了死亡。反之，只要具有冷静的头脑和火场自救逃生的科学知识，生命就能够得到安全保障。

## 二、火场逃生误区

在突发其来的火灾面前，有的人往往表现出不知所措，常常不假思索就采取逃生行动甚至是错误的行动。下面介绍一些在火灾逃生过程中经常出现的错误行为，防微杜渐，以示警示。

### （一）手一捂，冲出门

火场逃生时，许多人尤其是年轻人通常会采取这种错误行为。其错误性表现在两点：一是手并非良好的烟雾过滤器，不能过滤掉有毒有害烟气。平时在遇到难闻的气味或沙尘天气时，甚至人们常常情不自禁地用手捂住口鼻，以防气味或沙尘侵入，其实作用或效果并不十分明显，有点自欺欺人、自我安慰之意。因此，火险状态下应采取正确的防烟措施，如用湿毛巾等物捂住口鼻。二是在烟火面前，人的生命非常脆弱。俗话说"水火无情"，亲临烟火时切忌低估其危害性。多数年轻人缺乏消防常识及火灾经验，认为自己身强力壮，动作敏捷，不采取任何防护措施冲出烟火区域也不会有很大危险。但诸多火灾案例表明，人在烟火中奔跑二、三步就会吸烟晕倒，为数不少的人跟"生"就差一步之遥，可这一步就是生与死的分界线。因此，千万不要低估烟火的危害而高估自己的能力。

### （二）抢时间，乘电梯

面临火灾，人们的第一反应是争分夺秒地迅速离开火场。但许多人首先会想到搭乘普通电梯逃生，因为电梯迅速快捷，省时省力。其实这完全是一种错误行为，其理由有六：

（1）电梯的动力是电源，而火灾时所采取的紧急措施之一是切断电源，即使电源照常，电梯的供电系统也极易出现故障而使电梯卡壳停运，处于上下不能的困境，其内人员无法逃生、无法自救，极易受烟熏火烤而伤亡。

（2）电梯井道好似一个高耸庞大的烟囱，其"烟囱效应"的强大抽拔力会使烟火迅速蔓延扩散整个楼层，使电梯轿厢变形，行进受阻。

（3）电梯轿厢在井道内的运动，使空气受到挤压而产生气流压强变化，且空气流动越快，产生的负压就越大，从而火势就越大。因此，火灾中行驶的普通电梯自身难保，切忌乘坐。

（4）电梯轿厢内的装修材料有的具有可燃性，热烟火的烘烤不仅会使轿厢金属外壳变形，而且会引起内部装饰燃烧炭化，对逃生人员构成危险。

（5）一般电梯停靠某处时，其余楼层的电梯门都是联动关闭，外界难以实施灭火救援。即便强行打开，恰好又为火灾补充了新鲜空气，拓展了烟火蔓延扩散的渠道。

（6）电梯运载能力有限，一般一部普通客梯承载能力在 800 ~ 1000kg（约 10 ~ 13 人）。公共场所人员密集，一旦失火时惊慌的人群涌入其内更易造成混乱，因而会耽误安全逃生的最佳时机。

## （三）寻亲友，共同逃

遭遇火灾时，有些人会想着在自己逃生之前先去寻找自己的家人、孩子及亲朋好友一起逃生，其实这也是一种不可取的错误行为。倘若亲友在眼前，则可携同一起逃生；倘若亲友不在近处，则不必到处寻找，因为这会浪费宝贵的逃生时间，结果谁也逃不出火魔爪牙。明智的选择是各自逃生，待到安全区域时再行寻找，或请求救援人员帮助寻找营救。

## （四）不变通，走原路

火场上另一种错误的逃生行为就是沿进入建筑物内的路线、出入口逃离火灾危险区域。这是因为人们身处一个陌生境地，没有养成一个首先熟悉建筑内部布局及安全疏散路径、出口的良好习惯所致。一旦失火，人们就下意识地沿着进入时的出入口和通道进行逃生，只有当该条路径被烟火封堵时，才被迫寻找其他逃生路径，然而此时火灾已经扩散蔓延，人们难以逃离脱身。因此，每当人们进入陌生环境时，首先要了解、熟悉周围环境、安全通道及安全出口，做到防患于未然。

## （五）不自信，盲跟从

盲目跟随是火场被困人员从众心理反应的一种具体行为。处于火险中的人们由于惊慌失措往往会失去正常的思维判断能力，总认为他人的判断是正确的，因而第一反应会本能地盲目跟从他人奔跑逃命。该行为还通常表现为跳楼、跳窗、躲藏于卫生间、角落等现象，而不是积极主动寻找出路。因此，只有平时强化消防知识的学习和消防技能的训练，树立自信心，方能临危处危不乱不惊。

## （六）向光亮，盼希望

一般而言，光、亮意味着生存的希望，它能为逃生者指明方向，避免瞎摸乱撞而更便于逃生。但在火场上，会因失火而切断电源或因短路、跳闸等造成电路故障而失去照明，或许有光亮之处恰是火魔逞强之地。因此，黑暗之下，只有按照疏散指示引导的方向逃向太平门、疏散楼梯间及疏散通道才是正确可取的办法。

### （七）急跳楼，行捷径

火场中，当发现选择的逃生路径错误或已被大火烟雾围堵，且火势越来越大、烟雾越来越浓时，人们往往很容易失去理智而选择跳楼等不明智之举。其实，与其要采取这种冒险行为，还不如稳定情绪，冷静思考，另谋生路，或采取防护措施，固守待援。只要有一线生机，切忌盲目跳楼求生。

# 第三节　典型火灾逃生方法

火灾发生时，其发展瞬息万变，情况错综复杂，且不同场所的建筑类型、建筑结构、火灾荷载、使用性质及建筑内人员的组成等都存在着相当大的差异。因此，火场逃生的方法、技巧也不是千篇一律一成不变的。不同类型建筑的逃生原则和方法虽然有共同之处，但它们仍有各自的特性，下面介绍几种典型建筑火灾的逃生方法。

## 一、高层建筑火灾逃生方法

我国有关建筑设计防火规范规定，高层建筑是指建筑高度超过24m且二层及二层以上的公共建筑或是指10层及10层以上的住宅建筑。高层建筑具有建筑高、层数多、建筑形式多样、功能复杂、设备繁多、各种竖井众多、火灾荷载大及人员密集等特点，以至于火灾时烟火蔓延途径多，扩散速度快，火灾扑救难，极易造成人员伤亡。由于高层建筑火灾时垂直疏散距离长，因此，要在短时间内逃脱火灾险境，人员必须要具有良好的心理素质及快速分析判断火情的能力，冷静、理智地做出决策，利用一切可利用的条件，选择合理的逃生路线和方法，争分夺秒地逃离火场。

### （一）利用建筑物内的疏散设施逃生

利用建筑物内已有的疏散逃生设施进行逃生，是争取逃生时间、提高逃生效率的最佳方法。

（1）优先选用防烟楼梯、封闭楼梯、室外楼梯、普通楼梯及观光楼梯进行逃生。

高层建筑中设置的防烟楼梯、封闭楼梯及其楼梯间的乙级防火门，具有耐火及阻止烟火进入的功能，且防烟楼梯间及其前室设有能阻止烟气进入的正压送风设施。有关火灾案例证明，火灾时只要进入防烟楼梯间或封闭楼梯间，人员就可以相对安全地撤离火灾险地，换言之，高层建筑中的防烟楼梯间、封闭楼梯间是火灾时最安全的逃生设施。

（2）利用消防电梯进行逃生，因为其采用的动力电源为消防电源，火灾时不会被切断，而普通电梯或观光电梯采用的是普通动力电源，火灾时是要切断的，因此，火灾时千万不能搭乘。

（3）利用建筑物的阳台、有外窗的通廊、避难层进行逃生。

（4）利用室内配置的缓降器、救生袋、安全绳及高层救生滑道等救生器材逃生。

（5）利用墙边的落水管进行逃生。

（6）利用房间内的床单、窗帘等织物拧成能够承受自身重量的布绳索，系在窗户、阳台等的固定构件上，沿绳索下滑到地面或较低的其他楼层进行逃生。

## （二）不同部位、不同条件下的人员逃生

当高层建筑的某一部位发生火灾时，应当注意收听消防控制中心播放的应急广播通知，它将会告知你着火的楼层、安全疏散的路线、方法和注意事项，不要一听到火警就惊慌失措，失去理智，盲目行动。

（1）如果身处着火层之下，则可优先选择防烟楼梯、封闭楼梯、普通楼梯及室内疏散走道等，按照疏散指示标志指示的方向向楼下逃生，直至室外安全地点。

（2）如果身处着火层之上，且楼梯、通道没有烟火时，可选择向楼下快速逃生；如烟火已封锁楼梯、通道，则应尽快向楼上逃生，并选择相对安全的场所如楼顶平台、避难层等待救援。

（3）如果身处着火层时，则快速选择通道楼梯逃生；如果楼梯或房门已被大火封堵，不能顺利疏散时，则应退避房内，关闭房门，另寻其他逃生路径，如通过阳台、室外走廊转移到相邻未起火的房间再行逃生；或尽量靠近沿街窗口、阳台等易于被人发现的地方，向救援人员发出求救信号，如大声呼喊、挥动手中的衣服、毛巾或向下抛掷小物品，或打开手电、打火机等求救，以便让救援人员及时发现并实行施救。

（4）如果在充满烟雾的房间和走廊内逃生时，则不要直立行走，最好弯腰使头部尽量接近地面，或采取匍匐前行姿势，并做好防烟保护，如用毛巾、口罩或其他可利用的东西做成简易防毒面具。因为热烟气向上升，离地面较近处烟雾相对较淡，空气相对新鲜，因此呼吸时可少吸烟气。

（5）如果遇到浓烟暂时无法躲避时，切忌躲藏在床下、壁橱或衣柜及阁楼、边角之处。一是这些地方不易被人发现寻找；二是这些地方也是烟气聚集之处。

（6）如果是晚上听到火警，首先赶快滑到床边，爬行至门口，用手背触摸房门，如果房门变热，则不能贸然开门，否则烟火会冲进室内，如果不热，说明火势可能还

不大，则通过正常途径逃离是可能的，此时应带上钥匙打开房门离开，但一定要随手关好身后的门，以防止火势蔓延扩散。如果在通道上或楼梯间遇到了浓烟，则要立即停止前行，千万不能试图从浓烟里冲出来，应退守房间，并采取主动积极地防火自救措施，如关闭房门和窗户，用湿潮的织物堵塞门窗缝隙，防止烟火的侵入。

（7）如果身处较低楼层（3层以下）且火势危及生命又无其他方法自救时，只有将室内席梦思、棉被等软物抛至楼下时，才可采取跳楼行为。

### （三）自救、互救逃生

（1）利用建筑物内各楼层的灭火器材灭火自救。在火灾初期，充分利用消防器材将火消灭在萌芽阶段，可以避免酿成大火。从这个意义上讲，灭火也是一种积极的逃生方法。因此，火灾初期一定要沉着冷静，不可惊慌无措，延误灭火良机。

（2）相互帮助，共同逃生。对老、弱、病、残、儿童及孕妇或不熟悉环境的人要引导疏散，帮助其一起逃生。

## 二、商场、市场火灾逃生方法

向社会供应生产、生活所需的各类商品的公共交易场所称之为商场或市场，如百货大楼、商业大楼、购物中心、贸易大楼及室内超级市场等。商场、市场内商品大多为易燃可燃物，且摆放比较密集。现代商场市场功能多元化、结构复杂化、商品齐全化、装修豪华化，这些虽然最大化地满足了顾客的需求，但也增加了商场、市场的火灾荷载及火灾危险性，加之其内人流密集，火灾时人员疏散较为困难，甚至发生烟气中毒而造成群死群伤的恶性事故。商场市场火灾虽然有别于其他火灾，但逃生方法也有其自身的特点。那么，商场、市场火灾逃生应当注意什么呢？

### （一）熟悉安全出口和疏散楼梯位置

进入商场市场购物时，首先要做的事情应是熟悉并确认安全出口和疏散楼梯的位置，不要把注意力首先集中到琳琅满目的商品上，而应环顾周围环境，寻找疏散楼梯、疏散通道及疏散出口位置，并牢记。如果商场市场较大，一时找不到安全出口及疏散楼梯时，应当询问商场市场内的工作人员。这样相当于为火灾时成功逃生准备了一堂预备课。

### （二）积极利用疏散设施逃生

建筑物内的疏散设施主要包括防烟楼梯、封闭楼梯、室外楼梯、疏散通道及消防电梯等，在建设商场市场时，这些设施都按照建筑设计防火规范的相关要求进行了设置，具有相应的防火隔烟功能。在初期火灾时，它们都是良好的安全逃生途径。进入商场、市场后，如果你已熟悉并确认了它们的位置，那么火灾时就会很容易找到就近的安全疏散口，从而为安全逃生赢得了宝贵的时间。如果你没有提前熟悉并确认之，那么千万不要惊慌，应积极地按照疏散指示标志指示的方向逃生，直至寻找到安全疏散出口。

### （三）秩序井然地疏散逃生

惊慌是火灾逃生时的一个可怕而又不可取的行为，是火场逃生时的障碍。由于商场市场是人员密集场所，惊慌只会引起其他人员的更加惊慌，造成逃生现场的一片混乱，进而导致拥挤摔倒、踩踏，使疏散通道、安全出口严重堵塞，人员死伤。因此，无论火灾多么严重，都应当保持沉着冷静，一定要做到有序撤出。在楼梯等候疏散时切忌你推我挤，争先恐后，以免后面的人把前面的人挤倒，而其他的人顺势而倒，形成"多米纳骨牌"效应，倒下一大片。

### （四）自制救生器材逃生

商场市场中商品种类繁多、高度集中，火场逃生时可利用的物资相对较多，如衣服、毛巾、口罩等织物浸湿后可以用来防烟，绳索、床单、布匹、窗帘及五金柜台的各种机用皮带、消防水带、电缆线等可制成逃生工具，各种劳保用品，如安全帽、摩托车头盔、工作服等可用来避免烧伤或坠落物的砸伤。

### （五）充分利用各种建筑附属设施逃生

火灾时，还可充分利用建筑物外的落水管、房屋内外的突出部分和各种门、窗及建筑物的避雷网（线）等附属设施进行逃生，或转移到安全楼层、安全区域再行寻找机会逃生。这种方法仅是一种辅助逃生方法，利用时既要大胆，又要细心，尤其是老、弱、病、残及妇、幼者要慎用，切不可盲目行事。

### （六）切记注意防烟

商场市场火灾时，由于其内商品大多为可燃物，火灾蔓延快，生成的烟量大，因此，人员在逃生时一定要采取防烟措施，并尽量采取低行姿势，以免烟气进入呼吸道。在逃生时，如果烟浓且感到呼吸困难时，可贴近墙边爬行。倘若在楼梯道内，则可采取头朝上、脚向下、脸贴近楼梯两台阶之间的直角处的姿势向下爬，如此可呼吸到较为新鲜的空气，有助于安全逃生。

### （七）寻求避难场所

在确实无路可逃的情况下，应积极寻求如室外阳台、楼顶平台等避难处等待救援；选择火势、烟雾难以蔓延到的房间关好门窗，堵塞缝隙，或利用房内水源将门窗和各种可燃物浇湿，以阻止或减缓火势、烟雾的蔓延。不管是白天还是晚上，被困者都应大声疾呼，不间断地发出各种呼救信号，以引起救援人员的注意，脱离险境。

### （八）禁用普通电梯

火灾现场疏散时，万万不能乘坐普通电梯或自动扶梯，而应从疏散楼道进行逃生。因为火灾时会切断电源而使普通电梯停运，同时火灾产生的高热会使普通电梯系统出现异常。

### （九）切忌重返火场

逃离火场的人员千万应记住，不要因为贪恋财物或寻找亲朋好友而重返火场，而应告诉消防救援人员，请求帮助寻找救援。

### （十）发现火情应立即报警

在大商场市场购物时，如果发现如电线打火、垃圾桶冒烟等异常情况，应立即通知附近工作人员，并立刻报火警，不要因延误报警而使小火形成大灾，造成更大的损失。

## 三、公共娱乐场所火灾逃生方法

公共娱乐场所一般是指歌舞娱乐游艺场所等。近年来，国内外公共娱乐场所发生火灾的案例数不胜数，其火灾共同特点是易造成人员群死群伤。

现代的歌舞厅、卡拉 OK 厅等娱乐场所一般都不是"独门独户"，大多设置在综合建筑内，人员密集，歌台舞榭，装修豪华，为了满足功能的需要，有时技术先进的像个"迷宫"，通道弯曲多变，一旦失火，人员难以脱身。因此，掌握其火灾逃生方法非常重要。

### （一）保持冷静，明辨出口

歌舞厅、卡拉 OK 厅等场所一般都在晚上营业，并且顾客进出随意性大、密度高，加上灯光暗淡，火灾时容易造成人员拥挤混乱、摔伤踩伤。因此，火灾时一定要保持冷静，不可惊恐。进入时，要养成事先查看安全出口位置、是否通畅的良好习惯，如发现有锁闭情况，应立即告知工作人员要打开并说明理由。失火时，应明确安全出口方向，并采取避难措施，这样才能掌握火灾逃生的主动权。

### （二）寻找多种途径逃生

发生火灾时，应冷静判断自己所处的位置，并确定最佳的逃生路线。首先应想到通过安全出口迅速逃生。如果看到大多数人都同时涌向一个出口，则不能盲目跟从，应另辟蹊径，从其他出口逃生。即使众多人员都涌向同一出口，也应当在场所引导员的疏导下有序疏散。在疏散楼梯或安全出口被烟火封堵实无逃生之路时，对于设置在3层以下的娱乐场所，可用手抓住阳台、窗台往下滑，且让双脚首先着地。

### （三）寻找避难场所

公共娱乐场所发生火灾时，如果逃生通道被大火和浓烟封堵，又一时找不到辅助救生设施时，被困人员只有暂时逃向火势较轻、烟雾较淡处寻找或创建避难间，向窗外发出求救信号，等待救援人员营救。

### （四）防止烟雾中毒

歌舞娱乐场所的内装修大多采用了易燃可燃材料，有的甚至是高分子有机材料，燃烧时会产生大量的烟雾和有毒气体。因此，逃生时不要到处乱跑，应避免大声喊叫，以免烟雾进入口腔，应采用水（一时找不到水时可用饮料）打湿身边的衣服、毛巾等物捂住口鼻并采取低姿势行走或匍匐爬行，以减少烟气对人体的危害。

### （五）听从引导员的疏导

公共娱乐场所的"全体员工都应当熟知必要的消防安全知识，会报火警，会使用灭火器材，会组织人员疏散"。因此，火灾逃生人员一定要听从场所工作人员的疏散引导，有条不紊地撤离火场，切不可推拉拥挤，堵塞出口，造成伤亡。

## 四、影剧院、礼堂火灾逃生方法

影剧院、礼堂也是人员密集场所，其主体建筑一般由舞台、观众厅、放映厅三大部分组成，属于大空间、大跨度建筑，内部各部位大多相互连通，电气、音响设备众多，且幕布、吸音材料多具可燃性。

### （一）选择安全出口逃生

影剧院、礼堂一般都设有较为宽敞的消防疏散通道，并设置有门灯、壁灯、脚灯及火灾事故应急照明等设备，标有"太平门""紧急出口""安全出口"及"疏散出口"等疏散指示标志。火灾时，应按照这些疏散指示标志所指示的方向，迅速选择人流量较小的疏散通道撤出逃生。

（1）注意对你座位附近的安全出口、疏散走道进行检查，主要查看出口是否上锁，通道是否堵塞、畅通，因为有的影剧院、礼堂为了便于管理会把部分出口锁闭。

（2）当舞台发生火灾时，火灾蔓延的主要方向是观众厅，此时人员疏散不能选择舞台两侧出口，因为舞台上幕布等可燃物集中，电气设备多，且舞台两侧的出口也较小，不利于逃生，最佳方法是尽量向放映厅方向疏散，等待时机逃生。

（3）当观众厅失火时，火灾蔓延的主要方向是舞台，其次是放映厅。火场逃生人员可利用舞台、放映厅和观众厅各个出口迅速疏散，总的原则是优先选用远离火源或与烟火蔓延方向相反的出口。

（4）当放映厅失火时，此时的火势对观众厅的威胁不大，逃生人员可从舞台、观众厅的各个出口进行疏散。

## （二）逃生时应注意

（1）要听从工作人员的疏散指挥，切勿惊慌、互相拥挤、乱跑乱撞，堵塞疏散通道，影响疏散速度；

（2）逃生时应尽可能贴近承重墙或承重构件部位行走，以防坠落物击伤；

（3）烟雾大时，应尽量弯腰或匍匐前进，并采取防烟措施。

# 五、住宅火灾逃生方法

据统计，在我国平均每年大约有 1600 余人死于家庭住宅火灾，而美国平均每年则仅有 500 多人。因此，除了时刻注意做好家庭火灾预防之外，还应熟悉并掌握科学的家庭住宅火灾逃生方法。

## （一）住宅火灾逃生的总体要求

现代家庭住宅有高层和多层住宅之分，其火灾时的逃生方法有如下几种：

1. 事先编制家庭逃生计划，绘制住宅火灾疏散逃生路线图，并明确标出每个房间的逃生出口（至少两个：一个是门，另一个是窗户或阳台等）；

2. 在紧急情况下，确保门、窗都能快速打开；

3. 充分利用阳台进行有效逃生，当窗户和阳台装有安全护栏时，应在护栏上留下一个逃生口；

4. 家住二层及二层以上时，应在房间内准备好火灾逃生用的手电筒、绳子等；

5. 住宅各层及室内每个房间应安装感烟探测报警器，且能每月检查一次，保证其运行状态良好；

6. 睡觉时尽量将房门关严，以便火灾时尽量推迟烟雾进入房间的时间；建议将房门钥匙放在床头等熟悉且容易拿取的地方，以便火灾时容易找到并开门逃生；

7. 火灾时在开门之前，首先用手背贴门试试是否发热，如发热，则切忌开门，而应利用窗户或阳台逃生；

8. 当室内充满烟气时，则用毛巾、衣服或其他织物浸湿后捂住口鼻防烟，并低行走向出口；如被烟火所困室内，则应靠窗户口或在阳台挥舞手中色彩鲜艳的床单、毛巾或手电筒等物品大声呼叫，等待救援；

9. 当烟火封锁了房门时，应用毛毯、床单等物将门缝堵死，并泼浇冷水；

10. 充分利用室内一切可利用的东西逃生，如用床单、布匹等自制的逃生绳索等；

11. 逃生时不要乘坐普通电梯；

12. 要正确判断火灾形势，切忌盲目采取行动；

13. 逃生报警、呼救要结合进行，切勿只顾自己逃生而不顾他人死活；

14. 一旦撤出火场逃到安全区域，谨记不要重返火场取拿钱财或寻找亲人等。

利用门窗进行火场逃生时，应注意的前提是：室内火势并不大，没有蔓延至整个家庭角落，且被困人员熟悉燃烧区内的通道。

利用阳台逃生时，应从相邻单元的互通阳台（有的高层单元式住宅从第七层开始每层相邻单元有互通阳台）进行，可拆除阳台间的分隔物，从阳台进入另一单元的疏散通道或楼梯；当无连通阳台而相邻两阳台距离较近时，可将室内的床板、门板或宽木板置于两阳台之间搭桥通过。

除了以上讲述的方法外，还可视情采取以下方法：

一般住宅建筑的耐火等级为一、二级，其承重墙体的耐火极限在 2.5 ~ 3.0h，只要不是建筑整体受火烧烤，局部火势一般在短时间内难以使其倒塌。利用时间差逃生的具体方法是：人员先疏散至离火势较远的房间，再将室内被子、床单等浸湿，然后采取利用门窗逃生的方法进行逃生。

其具体做法是：将室内的可燃物清除干净，同时清除与此室相连的室内其他部位的可燃物，清除明火对门窗的威胁，然后紧闭与燃烧区相连通的门窗，以防烟气的进入，等待明火熄灭或消防救援人员的救援。此法仅适用于室内空间较大而火灾区域不大的情况。

## （二）家庭火灾逃生计划的制定与演练

在国外如美国、日本、澳大利亚等非常重视火灾时家庭逃生计划的制定和演练，他们认为各种火场逃生方法具有一定的普遍性，熟悉家庭火灾逃生方法的人同样知晓其他建筑火灾的逃生方法和技能，这样可以大大降低火灾时的死亡率。那么，家庭火灾逃生计划怎样制定呢？

一个较完整的家庭火灾逃生计划内容应包括如下七个方面：

1. 提前做好火灾逃生计划；

2. 设计逃生路线；

3. 牢记烟气危害；

4. 确定一个安全的集合地点；

5. 如何帮助特需照顾的家庭成员；

6. 火灾逃生计划的演练；

7. 从建筑物中安全逃生。

关于"确定一个安全的集合地点"，即在制定家庭火灾逃生计划时，应确定一个较为安全、固定、容易找到且全家庭人员都知道的室外地点，火灾逃生后，全家人都应在此地集中，以免家人逃出火场后相互寻找，同时也可避免家人重返火场寻找，重新带来危险。

关于"如何帮助特需照顾的家庭成员"，也就是说在制定火灾逃生计划时，应当充分考虑到家庭中如老、弱、病、残、幼等需要特别照顾的人的特殊情况，研究讨论共同逃生的办法，最好将责任分摊到家中年青力壮的人身上，使其在火灾险境中知道自己应做什么。要教会小孩熟练开、关门窗或从梯子安全上下，千万不要藏身于衣柜或床底，或在大人逃出之前，先用绳子将小孩滑到地面。

关于"从建筑物中安全逃生"指的是火灾逃生时的安全注意事项，即不要盲目跳楼；逃离高层住宅时，切忌乘坐普通电梯；应尽量为每个房间准备一根救生绳，或父母应指导小孩利用窗户附近的柱子、落水管及屋顶等进行逃生或等待救援；应带领全家人员熟悉建筑的每个部位和设施（如防烟及封闭式楼梯间、安全疏散指示标志、安全出口标志、灭火器材、室内消防栓、火灾报警等设施），特别是每个安全出口，这样在建筑的一个出口被烟火封挡后，家人才可以凭借记忆寻找其他出口逃生。

# 六、大型体育场馆火灾逃生方法

大型体育场馆属于人员密集场所，其内部结构与其他人员密集场所有所不同，其共享空间较大、功能齐全、电气设备复杂，故火灾危险性大。因此，观看演出或比赛的观众必须掌握必要的火灾逃生方法和技能。大型体育场馆火灾的逃生应注意以下几点：

## （一）谨记出入口

大型体育场馆内结构多样，功能复杂，由于某种原因观众不经常来此，对其内部环境不一定熟悉，火灾时容易迷失方向。因此，观众在进入体育馆时，应记牢进出口，并在找到自己座位后，再熟悉座位附近的其他出入口，这样在火灾时能根据大体方向找到安全出口。

## （二）冷静勿惊慌

体育馆观众众多，看台多数呈阶梯形式，如在火灾时惊慌失措、你推我挤或狂呼乱叫，不但会引起现场更多人员的惊恐，造成踩死踏伤意外事故，影响有序疏散，而且还有可能吸入有毒烟气，导致中毒伤亡。因此，一旦发生火灾，应立刻离开座位，以最快的方式寻找最近的出口逃生。

### （三）跟随不盲从

火灾状况下，人们惊恐之中可能会向同一个出口蜂拥而至，造成出口拥堵不堪。因此，在选择出口逃生时，应先大致判断一下大多数人逃生的出口，然后再根据火情的发展、火势的大小及烟气蔓延的方向来正确选择人数较少的出口进行逃生，切忌盲目跟从。

### （四）轻松不放松

观看比赛或演出，观众的情绪是较复杂的，但大多数情况下是在轻松愉快、全神贯注中度过的。这时人们往往精力集中地关注精彩的比赛或演出，而会忽略身边一些异常现象。

### （五）逃出不重返

体育火灾较为特殊，其内人员高度密集，紧急逃生比较困难，重返火场者要逆人流而行，这样会妨碍他人的正常疏散，使原本拥挤的通道、出口更加拥挤不堪；另一方面，重返者很可能还没返至火场，就被烟火吞食了。因此，如发现亲朋好友尚未逃出，明智的做法就是及时告知消防救援人员，请其帮助营救，切忌不顾自身安全逃出火场后再重返，这是从无数火灾案例总结出的经验教训。

## 七、地下商场火灾逃生方法

现代地下商场虽然消防设施设置比较齐全，但由于其结构复杂，出入口较少，通道狭窄，周围相对封闭，且多数商品具有可燃性，火灾时短时间内会形成大量浓烟和高温热气的积聚，缩短火灾轰燃的时间，加之通风条件差，空气不易对流，产生的大量浓烟和有毒气体易导致疏散能见度下降，人员窒息、中毒。因此，地下商场火灾时的人员逃生显得比地上建筑尤为重要。

地下商场火灾时的逃生应注意以下事项：

1. 首先应观察其内部主要结构和设施总体布局，熟悉并牢记疏散通道、安全出口及消防设施、器材位置；

2. 火灾时，地下商场工作或管理人员应做如下操作：

首先，关闭空调系统，停止向地下商场送风，以免火势通过空调送风设施蔓延扩大；其次，开启排烟设备，迅速排除火灾时产生的烟雾，以提高火场能见度，降低火场温度。

3. 立刻向附近的安全出口逃生，逃到地面安全地带，或避难间、防烟间或其他安全区域，绝对不能停留观望，延误逃生良机。

4.应按照疏散指示标志引导的方向有序撤离，切勿你推我攘，蜂拥而逃，阻塞通道和出口，造成摔伤，要听从地下商场工作人员的疏导指挥。

5.当出口被烟火堵塞而被困人员又因不熟悉环境寻找不到出口，因烟雾看不清疏散指示标志时，则可选择顺沿烟雾流动蔓延方向快速逃生（因烟雾流动扩散方向通常是出口或通风口所在处），并采取低姿及防烟措施贴墙行走。

6.逃生万般无法之时，则应创造临时避难设施，尽量拖延生存时间，拨打119电话报警，等待消防救援人员的救援。

# 八、交通工具火灾逃生方法

## （一）地铁火灾逃生方法

地铁和地下商场均属于地下建筑，火灾逃生时有其共性，但由于建筑结构的不同，也有其独特的逃生方法。

地铁火灾逃生时应注意以下事项：

（1）地铁火灾大致有三种情况：一是列车停靠在站台；二是列车刚离开或将进入站台；三是列车在两站之间的隧道中。不管是哪种情况发生，乘客一定要保持冷静，不可随意拉门或砸窗跳车。要倾听列车广播的指挥，听从地铁工作人员的疏导指挥，迅速有序地朝着指定的方向撤离。

（2）当停靠在站台的列车起火时，应立即打开所有的车厢门，及时向站台疏散乘客，并在工作人员的组织下向地面疏散，与此同时应携带灭火器组织灭火。

（3）当行驶中的列车发生火灾时，要从火势规模和火灾地点两方面进行考量。当列车内部装饰、电气设备和乘客行李发生火灾时，这种火灾容易被人发现，如果在报火警的同时能够采取有效的措施（如利用车载灭火器进行灭火等），很有可能将火势控制在较小规模并保障乘客的安全。一般而言，地铁区间隧道长约 1 ~ 2 km 左右，行车时间约 1 ~ 3 min，这种情况下应尽快向前方站台行进，停靠站台后再组织疏散。反之，如果火势较大，烟火已经威胁到乘客的安全，则应立即在隧道内部停车，及时组织人员疏散。以上两种情况下，均应优先疏散老、弱、妇、幼等弱势群体。

（4）当列车在两站之间的隧道区间失火且火势较大时，应立即停车，打开车厢门，乘客应按照工作人员指定的方向进行疏散。如果车厢门无法打开，乘客可向列车头、尾两端疏散，从两端的安全门下车；若列车车厢间无法贯通，车厢门又卡死，乘客可利用车门附近的红色紧急开关打开车厢门进行疏散；如果是列车中间部位着火，必须分别向前、后两个站台进行疏散。疏散方向原则上要避开火源，兼顾疏散距离，尽量背着烟火蔓延扩散方向疏散逃生。疏散过程中，应避免沿轨道进行疏散，可优先考虑使用侧向疏散平台，因疏散平台的宽度不小于 0.6 m，可保证乘客快速离开车厢。如果是长距离的区间隧道，每隔 600 m 设有联络通道，应充分利用联络通道，将乘客转移至临近的区间隧道，避开浓烟，保证人员安全。

（5）当列车电源被切断或发生故障时，应迅速寻找手动应急开门

装置一般位于车厢车门的上方，具体操作方法：打开玻璃罩，拉下红色手柄，拉开车门，用手动方式打开车门，再进行有序疏散撤离。

### （二）公共汽车火灾逃生方法

公共汽车是一种短程且较为经济的大众交通工具，其载客量大，至今仍作为城市交通的命脉。但其空间狭小密闭，人员密集，如果使用维护不当，其油路及电路老化会导致自燃，其特点为车厢内的可燃装饰材料及油漆等会使火势蔓延迅猛，人员疏散困难。

（1）当发现车辆有异常声响和气味等时，驾驶员应立即熄火，将车停靠在避风处检查火点，注意不要贸然打开机盖，以防止空气进入助燃，并及时报警。

（2）车辆失火时，车门是乘客首选的逃生通道。乘客应以手动方式拉紧紧急制动阀打开车门；若车门无法打开或车厢内过于拥挤时，则车顶的天窗及车身两侧的车窗也是重要的逃生通道，破窗逃生是最简捷的方式。现在公交车辆上都配有救生锤，乘客只要将锤尖对准车玻璃拐角或其上沿以下 20cm 处猛击，则玻璃会从被敲击处向四周如蜘蛛网状开裂，此时，再用脚把玻璃端开，人就可以逃生了。

（3）除了救生锤，高跟鞋、腰带扣和车上的灭火器也是方便有效的砸窗工具。

（4）由于车上使用了复合材料，这些材料燃烧后会产生大量有毒浓烟，仅吸入一口就可以导致昏迷。所以，乘客逃生时，最好用随身携带的水或饮料将身体淋湿，并用湿布捂住口鼻，以防吸入烟气。

（5）在逃生过程中，切忌恐慌拥挤，这样不利于逃生，容易发生踩踏事故，造成人员伤亡；同时要注意向上风方向（浓烟相反的方向）逃离，不能随意乱跑，切忌返回车内取东西，因为烟雾中有大量毒气，吸入一口就可能致命。

（6）自燃车辆一般是停靠在路边，所以在逃生同时，要注意道路来往车辆，以免造成其他事故发生。

（7）如果火势较小，可以采取车载灭火器扑灭火灾；如果火灾无法控制，要立即拨打 119 报警，并迅速有序逃生。

（8）火灾时，要特别冷静果断，首先应考虑到救人和报警，并视着火的具体部位确定逃生和扑救方法。如着火部位是公共汽车的发动机，则驾驶员应停车并开启所有车门，让乘客从车门迅速下车，然后再组织扑救；如果着火部位在汽车中间，则驾驶员应停车并开启车门，乘客应迅速从两侧车门下车，再扑救；如果车上线路被烧坏，车门不能开启，则乘客可从就近的窗户下车。

（9）如果火焰封住了车门，人多不易从车窗下去，可用衣物蒙住头从车门处冲出去。

（10）当驾驶员和乘车人员衣服被火烧着时，千万不要奔跑，以免火势变大。此时应迅速果断地采取措施：如时间允许，可以迅速脱下，用脚将火踩灭；否则，可就地打滚或由其他人帮助用衣物覆盖火苗以灭火。

### （三）火车火灾逃生方法

客用火车尤其是高速列车是目前载客量最大、长距离出行最方便最快速的公共交通工具。一列火车由于车身较长，加之车厢内装材料成分复杂，旅客行李大多为可燃，着火时不但易产生有毒气体，甚至会形成一条长长的火龙，严重威胁旅客生命。乘坐的火车一旦发生火灾，旅客应掌握以下逃生方法：

（1）镇定不慌乱，乘客应在火势较小时及时扑救的同时，立即向乘务员或其他工作人员报告，以便其根据火情采取应急措施。注意不要盲目奔跑乱挤或开门、窗跳车，因为从高速行驶的列车上跳下不但会造成摔死摔伤现象，而且高速风势会助长火势的蔓延扩散。

（2）如一时寻找不到乘务人员，则可先就近拿取灭火器材进行灭火，或迅速跑至两车厢连接处或车门后侧拉动紧急制动阀，使列车尽快停止运行。

（3）如果火势较小，不要急于开启车厢门窗，以免空气进入加速燃烧，应利用车上的灭火器材灭火，同时有序地从人行过道向相邻车厢或车外疏散。

（4）如果火势较大，则应待列车停稳后，打开车门、车窗或用尖铁锤等坚硬物品击碎车窗玻璃进行逃生。

（5）倘若火势将威胁相邻车厢，应立即采取脱离车厢挂钩措施。如果起火部位在列车前部，则应先停车，摘除起火车厢与后部车厢的挂钩后再行至安全地带；如果起火部位位于列车中部，则在摘除起火车厢与后部车厢挂钩后继续行进一段距离后停下，再摘除起火车厢，然后行驶至安全地带停车灭火。

（6）疏散时应注意防烟，并尽量背离火势蔓延方向，因行驶列车中的火势会顺风向列车后部扩散。

### （四）客船火灾逃生方法

客船是在水面上行驶的载人交通工具，其火灾有别于陆地，因此，其火灾逃生方法也有独到之处，不能盲目从众乱跑，更不能一味地等待他人的救援，应主动利用客船内部设施进行自救，以免耽误逃生时间。

（1）登船后，应首先熟悉救生设施如救生衣、救生圈、救生艇（筏）存放的具体位置，寻找客船内部设施如内外楼梯、舷梯、逃生孔、缆绳等，熟悉通往船甲板的各个通道及出入口，以便火灾时能寻找到最近的路径快速撤离。

（2）航行中客船前部楼层起火尚未蔓延扩大时，应积极采取紧急停靠、自行搁浅等措施，使船体保持稳定，以避免火势向后蔓延扩散。与此同时，人员应迅速向主甲板、露天甲板疏散，然后再借助救生器材逃生。

（3）如航行中船机舱起火时，舱内人员应迅速从尾舱通向甲板的出入孔洞逃生；乘客应在工作人员引导下向船前部、尾部及露天甲板疏散；如火势使人员在船上无法躲避时，则可利用救生梯、救生绳等撤至救生船，或穿救生衣或戴救生圈跳入水中逃生。

（4）如果船内走道遭遇烟火封闭，则尚未逃生的乘客应关严房门，使用床单、衣被等封堵门缝，延长烟气侵入时间，赢得逃生时间。相邻房间的乘客应及时关闭内走道的房门，迅速向左右船舷的舱门方向疏散；如烟火封锁了通向露天的楼道，着火层以上的乘客应尽快撤至楼顶层，然后再利用缆绳、软滑梯等救生器材向下逃生。

# 第四节　火场急救基本要求

火场急救是指火场上的人员负伤后，为了防止伤员的伤情恶化，减轻其痛苦，尽快使伤员脱离危险场所和预防休克死亡所采取的初步救护措施。火灾既是"天灾"，也是"人祸"。早期火灾从"天灾"而论，多系雷击导致森林大火或一些建筑遭殃；"人祸"则是生活用火不慎，或战争，或故意放火等引起。火灾的现场救护首先是使伤者尽快脱离现场，使其处在一个安全环境下，而医学救护也不仅仅是火的直接烧伤，还有气体中毒等其他伤害。火场烟雾的特点、火场烟雾中毒的表现、火灾的扑救措施、如何报警以及火灾的救护要点，都是救护人员必须掌握的知识。因此，学习和掌握火场简易急救的知识、方法，对缓解火场受伤人员伤势，减少人员伤亡有着十分重要的作用和意义。

在各类自然灾害中，火灾是一种不受时间、空间限制，发生频率最高的灾害。现代社会使火灾的原因及范围大大地拓开，家庭使用的电气设备、燃气等，石油化学工业中的大批危险化学品都可能引起火灾、爆炸。

火场上，烟雾的蔓延速度是火的 5～6 倍，烟气流动的方向就是火势蔓延的途径，温度极高的浓烟在 2 min 内就可以形成烈火，由于浓烟烈火升腾，严重影响了人们的视线，使人看不清逃离的方向而陷入困境。烟雾是物质燃烧时产生的挥发性产物，包括有毒气体和颗粒性烟尘，它与燃烧物质、燃烧速度、温度和氧量有关，很少呈单一成分。有资料表明，28% 的建筑物火灾中，一氧化碳是主要的毒物，10% 的火灾中，一氧化碳超过急性致死浓度（0.5%），在非建筑性火灾中，氰化物和缺氧是潜在的致死因素。因此，当发生火灾时，一定要保持清醒的头脑，争分夺秒，快速离开。

# 一、火灾现场救护特点

## （一）火灾现场混乱，救护条件差

由于火灾发生的突然性，火灾现场的疏散逃生人员、观望人员、火灾扑救人员、救护人员等聚集，使得火灾事故现场混乱繁杂。同时，火灾现场医疗救护设备简陋，救治方法简单，医疗条件相对较差。

## （二）灾后瞬间可能出现大批伤员

由于出现大批伤员需要及时救护和运送，因此，要及时拯救生命，需分秒必争。这就要求救护人员平时训练有素，以便适应紧张工作。运输工具和专项医疗设备的准备程度，是救灾医疗保障的关键问题。

## （三）伤情复杂

因火灾的原因不同，对人的伤害也不一样，通常受伤较为多见。伤员常因救护不及时，发生创伤感染，伤情变得更为复杂。在特殊情况下还可能出现一些特发病症，如挤压综合征、急性肾功能衰竭、化学烧伤等。尤其在化学和放射事故时，救护伤员除须有特殊技能外，还应有自我防护的能力。这就要求救护人员掌握相关基础知识，对危重伤病员进行急救和复苏。

## （四）大量伤员同时需要救护

火灾突然发生后，伤病员常常同时大批出现，而且危重伤员居多，需要急救和复苏，按常规医疗办法往往无法完成任务。这时可根据伤情，对伤病员进行鉴别分类，实行分级救护，后送医疗。

# 二、火场救护实施三阶段

目前，对灾害事故伤员实施医学救护通常分为现场抢救、后送伤员和医院救护三个阶段。

## （一）现场抢救

在混乱的火灾事故现场，组织指挥特别重要，应快速组成临时现场救护小组，统一指挥，加强事故现场一线救护，这是保证抢救成功的关键措施之一。为避免慌乱及做好灾害事故现场救护工作，应尽可能缩短伤后至抢救的时间，提高基本治疗技术，善于应用现有的先进科技手段，体现"立体救护、快速反应"的救护原则，提高救护的成功率。

## （二）后送伤员

首批进入火灾现场的医护，人员应对灾害事故伤员及时做出分类，做好后送前医疗处置，指定后送，救护人员可协助后送，使伤员在最短时间内能获得必要治疗，而且在后送途中要保证对危重伤员进行不间断地抢救。

## （三）医院救护

对危重灾害事故伤员尽快送往医院救治，对某些特殊伤害的伤员应送专科医院进行救治。

# 三、火灾现场救护基本要求

火场急救的目的是救助伤员及早撤离危险场所，免受进一步的伤害；及时正确地处理各种创伤，防止创伤感染和并发症的发生；尽量减轻伤员的痛苦为医院进一步救治做好准备。

火灾事故现场的救护原则应是根据其情况而定的。但其基本要求为：

1. 自救与互救相结合；
2. 先救命后治伤，先重伤后轻伤；
3. 先抢后救，抢中有救，尽快使伤员脱离火灾事故现场；
4. 先对伤情分类再后送；
5. 医护人员以救护为主，其他人员以抢救为主；
6. 消除伤员的精神创伤；
7. 尽力保护好事故现场。

# 第五节　火场常用急救方法

火灾事故现场中常见的病症有烧（灼）伤、休克、失（出）血、骨折等。

## 一、烧伤的急救

烧伤亦称之为灼伤，是生活中常见的意外。由火焰、沸水、热油、电流、热蒸气、辐射、化学物质（强酸、强碱）等引起。

烧伤会造成局部组织损伤，轻者损伤皮肤，出现肿胀、水泡、疼痛；重者皮肤烧焦，甚至血管、神经、肌腱等同时受损，呼吸道也可烧伤。

烧伤引起的剧痛和皮肤渗出等因素会导致休克，晚期出现感染、败血症等并发症而危及生命。

## （一）症状

烧伤对人体组织的损伤程度一般分为三度。可以按照三度四分法进行分类。

简单判断方法：一红二疱三焦痂，即一度烫伤发红，二度烫伤起水疱，三度烫伤有焦痂。

### 1. 烧烫伤面积的估计

不规则或小面积烧伤，用手掌粗算。五指并拢一掌面积，约等于体表面积的1%；新九分法：头颈部9%，双上肢各9%，躯干前后各2×9%，双下肢各2×9%，会阴1%，总计为100%。

### 2. 烧伤休克

烧伤休克大多表现为：烦渴，烦躁不安，尿少，脉快而细，血压即将下降，四肢厥冷、发绀、苍白、呼吸增快等。

## （二）现场救护方法

烧伤的急救主要是制止烧伤面积继续扩大和创面逐步加深，防止休克和感染。烧伤现场急救的原则是先除去伤因，脱离现场，保护创面，维持呼吸道畅通，再组织转送医院及治疗。针对烧伤的原因可分别采取如下相应的措施：

1. 冷清水冲洗或浸泡伤处，降低表面温度。

2. 脱掉受伤处的饰物。

3. Ⅰ度烧烫伤可涂上外用烧烫伤膏药，一般3～7日治愈。

4. Ⅱ度烧烫伤，不要刺破表皮水泡，不要在创面上涂任何油脂或药膏，应用干净清洁的敷料或就便器材，如方巾、床单等覆盖伤部，以保护创面，防止污染。

5. 严重口渴者，可口服少量淡盐水或淡盐茶，如条件许可时，可服用烧伤饮料。

6. 呼吸窒息者，进行人工呼吸；伴有外伤大出血者应予止血；骨折者应作临时骨折固定。

7. 大面积烧伤伤员或严重烧伤者，应尽快组织转送医院治疗。

## 二、强酸强碱烧伤的急救

强酸强碱属于化学腐蚀品，其对人体有腐蚀作用，易造成化学灼伤，其造成的灼伤与一般火灾的烧伤、烫伤不同。它对组织细胞的损害与酸类、碱类的浓度、接触时间长短、接触量多少有关。强酸对组织的局部损害为强烈的刺激性腐蚀，不仅创面被烧，并能向深层侵蚀。但由于局部组织细胞蛋白的被凝结，从而能够阻止烧伤的继续发展。碱性物质更能渗透到组织深层，日后形成的瘢痕较深。

常见强酸有硫酸、硝酸、盐酸等，强碱有氢氧化钠、氢氧化钾等。

### （一）症状

硫酸烧伤的伤口呈棕褐色，盐酸、苯酚烧伤的伤口呈白色或灰黄色，硝酸烧伤的伤口呈黄色。烧伤局部疼痛剧烈，皮肤组织溃烂；如果酸、碱类通过口腔进入胃肠道，则口腔、食道、胃黏膜造成腐蚀、糜烂、溃疡出血，黏膜水肿，甚至发生食道壁穿孔和胃壁穿孔，严重烧伤病人可引起休克。

### （二）现场救护方法

（1）被少量强酸、强碱烧伤，立即用纸巾、毛巾等蘸吸，并用大量的流动清水冲洗烧伤局部，冲洗时间应在 15min 以上。

（2）被大量强酸、强碱烧伤，立即用大量的清水冲洗烧伤局部，冲洗时间应在 20 min 以上，冲洗时将病人被污染的衣物脱去。

（3）如口服的病人，则可服用蛋清、牛奶、面糊、稠米汤或服用氢氧化铝凝胶保护口腔、食道、胃黏膜。

（4）如眼部被化学药品灼伤，在送医院途中仍要为病人冲洗受伤眼部。目前常用的消毒剂如过氧乙酸，未经稀释高浓度使用可对组织造成损伤，处理原则同上，应用大量流动清水冲洗。

## 三、休克的急救

休克是全身有效循环血量急剧减少，引起组织器官灌注量明显下降，导致组织细胞缺氧以及器官功能障碍的病理生理过程。火场休克是由于严重创伤、烧伤、触电、骨折的剧痛和大量出血等多种原因引起的、具有相同或相似临床表现的一组临床综合征，严重者可导致死亡，所以必须予以及时抢救。

### （一）休克类型

**1. 低血容量性休克**

（1）失血性休克：急性消化道出血、肝脾破裂、宫外孕及产科出血等。

（2）创伤性休克：严重创伤、骨折、挤压伤、大手术及多发性损伤等。

（3）烧伤性休克：烧伤引起大量血浆丢失。

（4）失液性休克：大量呕吐、腹泻、出汗、肠瘘等。

**2. 感染性休克**

常见于肺炎急性化脓性胆管炎、急性肠梗阻、胃肠穿孔、急性弥漫性腹膜炎、中毒性菌痢等疾病。

**3. 心源性休克**

常见于急性心肌梗死、心律失常、心脏压塞、心脏手术后、重症心肌炎、感染引起的心肌抑制等。

**4. 过敏性休克**

常见于药物（如青霉素）、血清制剂、输血/血浆等引起的变态反应，蚊虫、蜜蜂等叮咬过敏，花粉、化学气体过敏等。

**5. 神经源性休克**

常见于高度紧张、恐惧、高位脊髓损伤、脊髓神经炎、脑疝、颅内高压等。

**6. 内分泌性休克**

常见于肾上腺皮质功能不全或衰竭、糖皮质激素依赖等。

**7. 全身炎症反应性休克**

常见于严重创伤烧伤和重症胰腺炎早期。

### （二）症状

虽然导致休克的病因不尽相同，但休克的症状却有一些共同之处：

1. 自感头晕不适或精神紧张，过度换气。

2. 血压下降，成人肱动脉收缩压低于 90 mmHg。

3. 肢端湿冷，皮肤苍白或发绀，有时伴有大汗。

4. 脉搏搏动未扪及或细弱。

5. 烦躁不安，易激惹或神志淡漠，嗜睡，昏迷。

6. 尿量减少或无尿。

不同类型的休克，临床过程有不同的特点。根据休克的病程演变，休克可分为两个阶段，即休克代偿期和休克抑制期，或称休克前期和休克期。

## （三）现场救护方法

休克的救护应在尽早去除休克病因的同时，尽快恢复有效循环血量、纠正微循环障碍、纠正组织缺氧和氧债，防止发生多脏器功能衰竭（MODS）。

1. 病人应取平卧位，下肢略抬高，以利于静脉血回流。如有呼吸困难者，可将头部和躯干部适当抬高，以利呼吸。

2. 保持呼吸道通畅，尤其是休克伴昏迷者。方法是将病人颈部垫高，下颌抬起，使头部后仰，同时头偏向一侧，以防呕吐物、分泌物误吸入呼吸道。

3. 注意给体温过低的休克病人保暖，盖上被毯。但伴高热的感染性休克病人应予降温。

4. 注意病人生命体征变化。应密切观察呼吸、心率、血压、尿量等情况。

5. 有条件的应予以吸氧。

6. 病人因外伤出血引起的出血性休克应采取适当方法止血。

# 四、复合伤的急救

人体同时或相继受到不同性质的两种及其以上致伤因素的作用而发生两种以上不同的损伤，称为复合伤。

## （一）病因

### 1. 各类爆炸事故

火药或弹药、汽油、瓦斯、蒸气锅炉、沼气及其他一些化学易燃易爆物引发爆炸事故时，可发生严重火灾，形成强大冲击、爆震波，可能发生烧伤与冲击伤或其他创伤的复合伤。

### 2. 严重交通事故

驾驶员和乘员发生撞击伤等创伤，随之发生油箱爆炸或起火及腐蚀性或有毒物质泄漏，又可造成烧伤、中毒等，从而发生复合伤。

### 3. 严重自然灾害

自然灾害可产生不同的致伤因素。例如，地震可产生直接灾害，又可产生地震水灾、地震火灾、地基失效（如山崩）房屋倒塌而引起压伤和石砸伤，如同时破坏炉灶、煤气可引起火灾而造成烧伤，从而发生创伤与烧伤的复合伤。

## （二）临床特点

### 1. 常以一种创伤为主

复合伤中的两种或更多的致伤因素中，就伤情严重程度而言，常以一种损伤为主，其他为次要损伤。这是由于致伤时不同致伤因素的强度往往不一致的缘故。主要损伤常决定复合伤的基本性质、伤情特点、病程经过、救治重点和影响预后及转归。

### 2. 伤情可被掩盖

复合伤常伤及全身各个部位、多个脏器，但有些损伤显露于外，易于发现；有些损伤隐发于内，难以发现。而表露的伤情常掩盖引发的伤情，或转移医生及伤员本人的注意力，从而造成漏诊误诊，有时带来致命性的后果。因此，在诊治时，必须根据伤员致伤情况，充分考虑到发生复合伤的可能，必须对伤员进行全面的观察，特别注意内脏的隐发损伤。

## （三）救治基本要求

复合伤的急救要求是迅速扑灭伤员身上的火焰，对大面积烧伤应另用衣物遮盖创面，迅速撤离受伤现场。优先抢救出血、窒息、昏迷、休克等伤员。清除伤员口、鼻、耳道的粉尘和异物保持呼吸道通畅，对窒息者行环甲膜穿刺。迅速包扎伤口、止血、固定，以及对气胸、休克者等做急救处理。

# 五、止血方法

在各种突发创伤中，常有外伤大出血的紧张场面。出血是指皮肤、肌肉、血管受损破裂，血液从血管等不断外流的现象，是创伤的突出表现，采取有效的止血方法可减少出血，保存有效血容量，防止休克的发生。因此，及时有效的止血是创伤现场救护的基本任务，是挽救生命、降低死亡率、为病人赢得进一步治疗时间的重要治疗技术。然而，由于现场救护条件较差，要想做到既能有效止血，又能因地制宜、就便取材，而且使用的止血方法又不会伤及肢体，则平时就必须学习相关的医疗救护知识和技能，只有这样，才能在火灾现场井井有条地实施救护工作。

## （一）失（出）血类型

根据出血部位的不同，出血类型可分为皮下出血、内出血、外出血。火场出血大多见于外出血。

皮下出血大多因跌、撞、挤、挫伤，造成皮下软组织内出血，形成血肿、瘀斑，可短期自愈。

内出血是深部组织和内脏损伤，血液流入组织内或体内，形成脏器血肿或积血，从外表看不见，只能根据伤病人的全身或局部症状来判断，如面色苍白、吐血、腹部疼痛、便血、脉搏快而弱等来判断胃肠道等重要脏器有无出血。内出血对伤病人的健康和生命威胁很大，必须密切注意。

外出血是人体受到外伤后血管破裂，血液从伤口流出体外。

## （二）失血症状

无论是外出血还是内出血，失血量较多时，伤病人面色苍白、口渴、冷汗淋漓、手足发凉、软弱无力、呼吸紧迫、心慌气短。检查时，脉快而弱以至摸不到，血压下降，表情淡漠，甚至神志不清。

## （三）止血材料

常用的止血材料有无菌敷料、粘贴创可贴、气囊止血带、表带止血带。就地取材所用的布料止血带，如用三角巾、毛巾、手绢、布料、衣物等可折成三指宽的宽带以应急需。禁止用电线、铁丝、绳子等替代止血带。

无菌敷料用来覆盖伤口。其种类有：纱布垫、创可贴、创伤敷料等。如没有无菌敷料，可以用干净的毛巾、衣物、布、餐巾纸等替代。目的为控制出血，吸收血液并引流液体，保护伤口，预防感染。

止血带采用宽的、扁平的布质材料做成。其种类有医用气囊止血带、表式止血带等。

## （四）止血方法

常用的止血方法有包扎止血、加压包扎止血、指压止血、加垫屈肢止血、填塞止血、止血带止血等。一般的出血可以使用包扎、加压包扎法止血。四肢的动、静脉出血，如使用其他的止血法能止血的，就不用止血带止血。

### 1. 包扎止血

包扎止血适用于浅表伤口出血损伤小血管和毛细血管，出血少。

（1）粘贴创可贴止血

将创可贴自粘贴的一边先粘贴在伤口的一侧，然后向对侧拉紧粘贴另一侧。

（2）敷料包扎

将敷料、纱布覆盖在伤口上，敷料、纱布要有足够的厚度，覆盖面积要超过伤口至少3cm。可选用不粘伤口、吸收性强的敷料。

（3）就地取材，选用三角巾、手帕、纸巾、清洁布料等包扎止血。

### 2. 加压包扎止血

加压包扎止血适用于全身各部位的小动脉、静脉、毛细血管出血。用敷料或其他洁净的毛巾、手绢、三角巾等覆盖伤口，加压包扎达到止血目的。

（1）直接压法

通过直接压迫出血部位而达到止血目的。

操作要点：伤病人卧位，抬高伤肢（骨折除外）。检查伤口有无异物，如无异物，用敷料覆盖伤口，敷料要超过伤口至少 3 cm，如果敷料已被血液浸湿，再加上另一敷料，用手施加压力直接压迫，用绷带、三角巾等包扎。

（2）间接压法

操作要点：伤病人卧位，伤口如有扎入身体导致外伤出血的剪刀、小刀玻璃片等异物，则保留异物，并在伤口边缘将异物固定，然后用绷带加压包扎。

**3. 指压止血法**

用手指压迫伤口近心端的动脉，阻断动脉血运，能有效地达到快速止血的目的。指压止血法大多用于出血多的伤口。

操作要点：准确掌握动脉压迫点，压迫力度要适中，以伤口不出血为准。压迫10 ～ 15min，仅是短时急救止血，保持伤处肢体抬高。常用指压止血部位：颞浅动脉压迫点、肱动脉压迫点、桡、尺动脉压迫点、股动脉压迫点。

**4. 加垫屈肢止血法**

对于外伤出血量较大、肢体无骨折损伤者，用此法。注意肢体远端的血液循环，每隔 50min 缓慢松开 3 ～ 5min，防止肢体坏死。

**5. 填塞止血法**

此法适用于伤口较深较大、出血多、组织损伤大的应急现场救治。具体做法是用消毒纱布、敷料（如无，用干净的布料替代）填塞在伤口内，再用加压包扎法包扎。

**6. 止血带止血法**

当四肢有大血管损伤，或伤口大、出血量多，采用以上止血方法仍不能止血时，方可选用止血带止血的方法。

操作要点：肢体上止血带的部位要正确，止血带适当拉长，经绕肢体体周，在外侧打结固定。上止血带部位要有敷料、衣服等衬垫，记住上止血带时间，每隔 50min要放松 3 ～ 5min，以暂时改善血液循环。放松止血带期间，要用指压法、直接压迫法止血，以减少出血。

# 六、包扎方法

快速、准确地将伤口包扎，是外伤救护的重要一环。包扎的目的是快速止血、保护伤口，防止进一步污染，减少感染机会；减少出血，减轻疼痛，预防休克；保护内脏和血管、神经、肌腱等重要解剖结构，有利于转运和进一步治疗。

伤口是细菌侵入人体的门户，如果伤口被细菌污染，就可能引起化脓或并发败血症、气性坏疽、破伤风，严重损害健康，甚至危及生命。因此，受伤以后，如果没有条件做到清创手术，在现场应先进行包扎。

### （一）割伤

被刀、玻璃等锋利的物品将组织整齐切开，如伤及大血管，伤口则会大量出血。

### （二）瘀伤

由于受硬物撞击或压伤、钝物击伤，使皮肤内层组织出血，伤处瘀肿。

### （三）刺伤

被尖锐的小刀、针、钉子等扎伤，伤口小而深，易引起内层组织受损。

### （四）枪伤

子弹可穿过身体而出，或停留体内，因此，身体可见 1 ~ 2 个伤口。体内组织、脏器等受伤。

### （五）挫裂伤

伤口表面参差不齐，血管撕裂出血，并黏附污物。

常用的包扎材料有创可贴、尼龙网套、三角巾、弹力绷带、纱布绷带、胶条及就便器材如毛巾、头巾、衣服等。

包扎伤口动作要快、准、轻、牢。包扎时部位要准确、严密，不遗漏伤口；包扎动作要轻，不要碰撞伤口，以免增加伤病人的疼痛和出血；包扎要牢靠，但不宜过紧，以免妨碍血液流通和压迫神经。

操作要点：尽可能带上医用手套，如无，用敷料、干净布片、塑料袋、餐巾纸为隔离层，脱去或剪开衣服，暴露伤口，检查伤情，伤口封闭要严密，防止污染伤口，动作要轻巧而迅速，部位要准确，伤口包扎要牢固，松紧要适宜。不要用水冲洗伤口（化学伤除外），不要对嵌有异物或骨折断端外露的伤口直接包扎，不要在伤口上用消毒剂或消炎粉。

## 七、固定方法

骨骼的完整性由于受外力的撞击、扭曲、过分地牵拉、机械性的碾伤、肌肉拉力受损、本身疾病等原因，直接或间接使其遭受破坏，发生骨骼破裂、折断、粉碎，称为骨折。如交通事故，从高处跌下，骨结核、骨肿瘤等因素引起骨折。为了使断骨伤情不再加重，必须对骨折正确及时地急救，即将它"捆绑"起来，这种方法叫作固定。

骨折固定的目的是减少伤病人的疼痛，避免损伤周围组织、血管、神经，减少出血和肿胀，防止闭合性骨折转化为开放性骨折；便于搬动病人，有利于转运后的进一步治疗。如不固定，在搬动过程中骨折端会刺破周围的血管、神经，甚至造成脊髓损伤截瘫等严重后果。

## （一）骨折类型

骨折类型包括：闭合性骨折、开放性骨折。

骨折的程度分为完全性骨折、不完全性骨折、嵌顿性骨折。

骨折的临床表现主要为疼痛，肿胀，畸形，功能障碍。

## （二）骨折判定方法

骨折急救，首先要弄清是不是骨折，其判断方法主要是：

1.受伤部位和伤肢明显变形；伤肢比健肢短、弯曲或手脚转向异常方向，便是骨折；

2.受伤部位明显肿胀，疼痛加剧，不能活动，可判定是骨折；

3.用手轻轻按摩受伤部位时疼痛加剧，有时可摸到骨折线，搬移时疼痛更加剧烈，明显是骨折；

4.患肢无异常活动骨折处有压痛，是不完全性骨折。这种骨折要进行外固定，以防搬移时完全断离；

5.骨折端穿破软组织与外界相通，可以直接判定是开放性骨折。

## （三）常见的固定器材

### 1.脊柱部位固定

常使用颈托、铝芯塑型夹板、脊柱板、头部固定器、躯干夹板等专业器材。如现场无此类器材可现场制作。

### 2.夹板类

常运用充气式夹板、铝芯塑型夹板、锁骨固定带、小夹板等。如无合适器材也可现场制作，利用杂志、硬纸板、木板块、折叠的毯子、树枝、雨伞等作为临时夹板。

### 3.自体固定

将受伤上肢缚在胸廓上，将受伤下肢固定于健肢。

## （四）固定方法

要根据现场的条件和骨折的部位采取不同的固定方式。固定要牢固，不能过松、过紧。在骨折和关节突出处要加衬垫，以加强固定和防止皮肤压伤。根据伤情选择固定器材，如以上提到的一些器材，也可根据现场条件就便取材。

操作要点：置伤病人于适当位置，就地施救，夹板与皮肤、关节、骨突出部位之间加衬垫，固定时操作要轻。先固定骨折的上端，再固定下端，绑带不要系在骨折处。前臂、小腿部位的骨折，尽可能在损伤部位的两侧放置夹板固定，以防止肢体旋转及避免骨折断端相互接触。固定后，上肢为屈肘位，下肢呈伸直位。

注意事项：开放性骨折禁止用水冲洗，不涂药物，保持伤口清洁；肢体如有畸形、可按畸形位置固定；临时固定的作用只是制动，严禁当场整复。

# 八、搬运方法

近年来，搬运护送的方法及工具有了很大的改变。装备精良、性能良好的救护车和艇船以及直升救护机、轻型喷气式救护飞机等已构成医疗运输的重要内容。但是，无论怎样的进步，病人从发病现场被搬运到担架、救护车、飞机等过程，都要求救护人员掌握正确的救护搬运知识和技能。

火场搬运伤员的目的：一是使火场受伤病人脱离危险区，防止在火场上再次受伤，并实施现场救护；二是尽快使伤病人获得专业医疗；三是防止损伤加重；四是最大限度地挽救生命，减轻伤残。

## （一）搬运器材种类

火场上最常用的搬运病人的工具是担架。通常有以下几种类型：

### 1. 担架器材

（1）折叠楼梯担架：便于在狭窄的走廊、曲折的楼梯搬运。

（2）折叠铲式担架：为医用专业担架，担架双侧均可打开，将病人放入担架，常用于脊柱损伤病人的现场搬运。

（3）真空固定垫：可以自动（或打气）成型，并根据病人的身体形状将伤病人固定在垫中，担架搬运。

（4）漂浮式吊篮担架：海上救护，将病人固定于垂直的位置保证头部完全露出水面。

（5）脊椎固定板。

（6）帆布担架：适用于内科系列的病人。对怀疑有脊柱损伤的病人禁用。

### 2. 自制担架

（1）木板担架。

（2）毛毯担架：在伤病人无骨折的情况下使用。毛毯也可用床单、被罩、雨衣等替代。

（3）简易担架：在户外现场应用中要慎重，尽可能用木板担架。对于无骨折的病人，病情严重时急用。

（4）绳索担架：用木棒两根，将坚实绳索交叉缠绕在两根木棒之间，端头打结系牢。

（5）衣物担架：用木棒两根，将大衣袖翻向内成两管，木棍插入内，衣身整理平整。

## （二）搬运护送要求

1.迅速观察受伤现场和判断伤情。

2.做好伤病人现场的救护，先救命后治伤。

3.应先止血、包扎、固定后再搬运。

4.伤病人体位要适宜。

5.不要无目的地移动伤病人。

6.保持脊柱及肢体在一条轴线上，防止损伤加重。

7.动作要轻巧，迅速，避免不必要的震动。

8.注意伤情变化，并及时处理。

## （三）搬运方法

正确的搬运方法能减少病人的痛苦，防止损伤加重；错误的搬运方法不仅会加重伤病人的痛苦，还会加重损伤。因此，正确地搬运在现场救护中显得尤为重要。

操作要点：现场救护后，要根据伤病人的伤情轻重和特点分别采取搀扶、背运、双人搬运等措施。疑有脊柱、骨盆、双下肢骨折时，不能让伤病人实行站立；疑有肋骨骨折的伤病人不能采取背运的方法。伤势较重，有昏迷、内脏损伤、脊柱、骨盆骨折，双下肢骨折的伤病人应采取担架器材搬运方法，现场如无担架，制作简易担架，并注意禁忌范围。

### 1.徒手搬运

对于转运路程较近、病情较轻、无骨折的病人所采用的搬运方法。包括拖行法、扶行法、抱持法、爬行法、杠轿式等。

### 2.担架搬运

担架是现场救护搬运中最方便的用具。有 2～4 名人员，救护人按救护搬运的正确方法将伤病人轻轻移上担架，需要的话，做好固定。

搬运要点：病人固定于担架上，病人的头部向后，足部向前，以便后面抬担架的救护人员观察伤病人的变化，抬担架人的脚步、行动一致。向高处抬时，前面人要将担架放低，后面人要抬高，以使病人保持水平状态；向低处抬则相反。一般情况下伤病人多采取平卧位，有昏迷时头部应偏于一侧，有脑脊液耳漏、鼻漏时头部应抬高 30

度，防止脑脊液逆流和窒息。

### 3.伤病人的紧急移动

（1）从驾驶室搬出

一人双手掌抱于伤病人头部两侧，轴向牵引颈部。可能的话带上颈托，另一人双手轻轻轴向牵引伤病人的双踝部，使双下肢伸直。第三、四人双手托伤病人肩背部及腰臀部，保持脊柱为一条直线，平稳将伤病人搬出。

（2）从倒塌物下搬出

迅速清除压在伤病人身上的泥土、砖块、水泥板等倒塌物，清除伤病人口腔、鼻腔中的泥土及脱落的牙齿，保持呼吸道通畅，一人双手抱于伤病人头部两侧牵引颈部，另一人双手牵引伤病人双踝，使双下肢伸直，第三、四人双手平托伤病人肩背部和腰臀部，四人同时用力，保持脊柱轴位，平稳将伤病人移出现场。

（3）从狭窄坑道将伤病人搬出

一人双手抱于伤病人头部两侧牵引颈部，另一人双手牵引伤病人双踝，使双下肢伸直，第三、四人双手平托伤病人肩背部和腰臀部，将伤病人拖出坑道，交于坑道外人员将伤病人搬出。

（4）脊柱骨折移动

一人在伤病人的头部，双手掌抱于头部两侧轴向牵引颈部，另外，三人在伤病人的同一侧（一般为右侧），分别在伤病人的肩背部、腰臀部、膝踝部。双手掌平伸到伤病人的对侧，四人均单膝跪地，四人同时用力，保持脊柱为一轴线，平稳将伤病人抬起，放于脊柱板上，上颈托，无颈托颈部两侧用沙袋或衣物等固定。头部固定器固定头部，或布带固定，6～8条固定带，将伤病人固定于脊柱板，2～4人搬运。

（5）骨盆骨折移动

伤病人骨盆固定，三人位于伤病人的一侧，一人位于伤病人的胸部，伤病人的手臂抬起置于救护人的肩上；一人位于腿部，一人专门保护骨盆，双手平伸，同时用力，抬起伤病人放于硬板担架，如有骨盆骨折，骨盆两侧用沙袋或衣物等固定，防止途中晃动，如上臂有骨折，固定后上臂用衣物垫起，与胸部相平行，肘部屈曲90度放于腹部。头部、双肩、骨盆、膝部用宽布带固定于担架上。防止途中颠簸和转动。

## （四）现场搬运注意事项

1.搬动要平稳，避免强拉硬拽，防止损伤加重。

2.特别要保持脊柱轴位，防止脊髓损伤。

3.疑有脊柱骨折时禁忌一人抬肩，一人抱腿的错误方法。

4.转运途中要密切观察伤病人的呼吸、脉搏变化，并随时调整止血带和固定物的松紧度，防止皮肤压伤和缺血坏死。

5.要将伤病人妥善固定在担架上，防止头部扭动和过度颠簸。

# 结　语

消防灭火救援工作需要积极适应新形势下的重大改革，通过寻找消防灭火救援中的不安全因素，进而通过一系列的措施来保证这些不安全因素不再影响消防灭火救援工作。俗话说水火无情，火灾事故对人们造成的伤害是非常大的。现如今火灾事故频发，在灭火救援工作中，消防救援人员伤亡事故也屡屡发生，对消防部门而言救援任务也越来越艰巨，所以救援安全问题也受到了社会各界的高度关注。提高消防人员的安全意识，就救援安全管理问题加强教育力度，让消防人员对生命安全保障问题有一定的认识，这对消防事业的发展是非常有意义的。

消防部队灭火救援实战能力的提高要从多个方面入手、多方面考虑，既要注重硬件技术、设备等的引进、运用，又要不断提升技术人员、管理人员的实战能力、救援软实力。公安消防部队灭火救援工作任务艰巨，必须不断学习、总结经验，这样才能从根本上培养并提高救援工作队伍的实力，才能为救援工作的开展提供实力和竞争力。

综上所述，消防救援的消防救援任务、灾害产生因素、相关业务部门的资源调配等层面均密切相关，所以消防救援任务不可以单纯依赖消防救援机构及消防救援人员，要求整个社会、相关职能职责部门的一同努力才可以更优异地完成。所以，消防救援部门必须实施长期的培训及实战化练兵，强化对于消防救援的职业素养的建设，增加对于消防装备的资金投入，才可以行之有效提升消防救援的消防救援水平，为人们的生命安全保驾护航。

# 参考文献

[1] 季俊贤. 消防安全与信息化文集 [M]. 上海: 上海科学技术出版社, 2021.

[2] 李莹滢. 消防器材装备 [M]. 北京: 化学工业出版社, 2021.

[3] 刘孝华. 建设工程消防验收常见问题解析 [M]. 青岛: 中国海洋大学出版社, 2021.

[4] 林晓慧. 小小消防员的一天 [M]. 哈尔滨: 黑龙江美术出版社, 2020.

[5] 陈曙东. 消防物联网理论与实战 [M]. 重庆: 重庆大学出版社, 2020.

[6] 胡群明, 张晓作. 消防产品自愿性认证概述及指南 [M]. 天津: 天津大学出版社, 2020.

[7] 许光毅. 建筑消防工程预（结）算 [M]. 重庆: 重庆大学出版社, 2020.

[8] 赫中全. 消防救援基础技能训练 [M]. 北京: 化学工业出版社, 2020.

[9] 朱红伟. 消防应急通信技术与应用 [M]. 北京: 中国石化出版社, 2020.

[10] 梁超. 消防驾驶员决策研究 [M]. 北京: 中国人民公安大学出版社, 2020.

[11] 梅胜, 周鸿, 何芳作. 建筑给排水及消防工程系统 [M]. 北京: 机械工业出版社, 2020.

[12] 闫胜利. 消防技术装备 [M]. 北京: 机械工业出版社, 2019.

[13] 霍江华, 王燕华. 消防灭火自动控制 [M]. 北京: 中国原子能出版社, 2019.

[14] 宿吉南. 消防安全案例分析 [M]. 北京: 中国市场出版社, 2019.

[15] 陈长坤. 消防工程导论 [M]. 北京: 机械工业出版社, 2019.

[16] 孙长征. 消防安全技术实务 [M]. 济南: 山东人民出版社, 2019.

[17] 薛林. 消防炮理论与设计 [M]. 镇江: 江苏大学出版社, 2019.

[18] 方正. 高等学校消防安全管理 [M]. 武汉: 武汉大学出版社, 2019.

[19] 孙长征. 消防安全技术综合能力 [M]. 济南: 山东人民出版社, 2019.

[20] 张宏宇. 工业企业消防安全 [M]. 北京: 化学工业出版社, 2019.

[21] 李永康, 马国祝. 消防安全技术实务 [M]. 机械工业出版社, 2019.

[22] 陶昆. 建筑消防安全 [M]. 北京: 机械工业出版社, 2019.

[23] 韩雪峰, 王莉. 消防工程概预算 [M]. 北京: 机械工业出版社, 2019.

[24] 李作强 . 消防安全技术实务 [M]. 北京：中国石化出版社，2019.

[25] 张网，薛思强，李野 . 消防安全必知读本 [M]. 天津：天津科技翻译出版公司，2019.

[26] 陈同刚 . 地铁消防安全管理 [M]. 天津：天津科学技术出版社，2018.

[27] 周俊良，陈松 . 消防应急救援指挥 [M]. 徐州：中国矿业大学出版社，2018.

[28] 任清杰 . 消防安全保卫 [M]. 西安：西北工业大学出版社，2018.

[29] 昊传嵩 . 消防员灾害现场医疗救助 [M]. 北京：机械工业出版社，2018.

[30] 余青原 . 消防供水 [M]. 北京：化学工业出版社，2018.

[31] 程琼 . 智能建筑消防系统 [M]. 北京：电子工业出版社，2018.

[32] 张永根，朱磊 . 建筑消防概论 [M]. 南京：南京大学出版社，2018.

[33] 李进兴 . 消防指挥专业实验 [M]. 北京：中国人民公安大学出版社，2018.

[34] 吕东明，葛步凯 . 消防车发动机维护 [M]. 南京：南京大学出版社，2018.

[35] 和丽秋 . 消防燃烧学 [M]. 北京：机械工业出版社，2018.